生命力いっぱいの食べ物づくり

NATURAL FARMING

はじめよう! 自然農業

趙 漢 珪 監修

日本自然農業協会
姫 野 祐 子 編
Himeno Yuko

創森社

自然農業の技術と心得～監修のことば～

農業の真の目的は、だれしも安心して食べられ、心も体も満たしてくれる本来の食料を生産することである。農業は、タンパク質、糖分、脂肪などといった分析できる栄養素だけではなく、生命力そのもの（栄養源）といえる食べ物を生産、供給する生業《なりわい》である。

生産された食べ物は、生命力とおなかを満たしてくれるエネルギーがこもった器（植物体）のなかで調和して発酵し、熟成した結実であり、真の意味での完全な食品と言うことができる。

そこには創造の摂理がこめられており、全宇宙の精気がたちこめており、深い愛がつなぎとなって掘り起こされた生命体である。それは同時に、自然の構成員であり、同伴者であり、小宇宙でもある。

人間がつくり出した、無生命的機械に依存し、分析され、引き出された数字に基づいた、偏った農業学問や農業技術では常に問題点を抱え、変化無双の自然環境に対応することはできない。外見だけの結実では人の健康を保つことはできないのである。その結果が生活習慣病や栄養のバランスが壊れたことに起因する現代病を量産するに至ったわけだ。

私は農家はもとより、農業にかかわる方々に提案したい。これまでの化学肥

料や化学農薬に頼った農業から一日も早く抜け出し、魂のこもった天下第一の芸術家として、先人の知恵に学び、地域の自然、資源を最大限に活かした生命力のある真の農産物生産をめざして、子々孫々に遺産として残しても恥ずかしくない農業の道を、ともに切り拓いていきたいと思う。

私は多くの日本の先駆者の方々から学んだが、なかでも大きな教えを受けたのは山岸巳代蔵《やまぎしみよぞう》先生、柴田欣志《しばたきんし》先生、大井上康《おおいのうえやすし》先生の三人である。

山岸巳代蔵先生からは親愛の情で鶏を育てることを通して、自然の観察力を養う大切さを学んだ。これが自然農業の畜産技術の基本となっている。

柴田欣志先生からは、酵素と微生物の奥深さを学んだ。その地域に棲んでいる土着微生物の活用や、酵素、生長点（成長点）を活かす農業技術の基本となった。

ブドウの『巨峰』をつくられた大井上康先生からは栄養週期（周期）理論を学び、植物の生理・生態に合わせた肥培管理が、作物の潜在能力を引き出すことを知った。

私はクリスチャンだが、自然農業の根本には聖書の奥深い真理が活かされている。それに上記の三人の先生方の愛情あふれる自然観、卓越した発想とずば抜けた観察力、これらを一つにして、韓国の気候・風土に合うよう試行錯誤を

監修の筆者（右）

繰り返し、実践を重ねて現在の自然農業のかたちができた。

自然農業の特徴は、化学農薬や除草剤の代わりに、その地域の土着微生物や植物や農畜副産物を活用し、農家がつくった農業資材を利用する。これにより、動植物の潜在能力を最大限に発揮させ、労働力と生産費を節減することが可能となる。

自然農業は、農薬と化学肥料を多用する高コストの現代農業の概念を大きく変える。いわば、低費用・高品質の省力多収穫農業である。また、大規模な農場から家庭菜園まで、きわめて応用範囲が広いことも特徴である。

まずは基本となる土着微生物、天恵緑汁《てんけいりょくじゅう》、漢方栄養剤などの資材をつくって使ってみてもらいたい。その効果に驚かれるだろう。そのほかにも、本書で紹介する農業資材は、どれも簡単で手軽につくることができる。人間が飲んでも健康によいので、安全でもある。どの資材からでも試してみてほしい。

一九六七年、韓国で省力多収穫農業研究会が設立され、自然農業の歩みははじまった。日本には、一九九三年に「韓国自然農業中央会と交流する会」（現在は「日本自然農業協会」）事務局が設置され、普及がすすんでいる。

現在では、中国、フィリピンをはじめとし、モンゴル、ロシアなど世界二〇余カ国に普及している。自然農業はその国、その地域の自然を活かす農業なので、どこでも可能である。近年の韓国でも、慶尚南道固城郡が郡をあげて自

然農業をおこなっており、これまで以上のペースで普及がすすんでいる。

自然農業の五〇年の歴史のなかでは大変な苦労も経験したが、そのなかで近年、とてもうれしかったのは、二〇〇三年に農業として初めて国際標準化機構（ＩＳＯ）からマネジメントシステムの国際規格ＩＳＯ９００１／１４００１の認証（品質、環境に関するもの）を受けたこと、二〇〇四年に日韓環境大賞（毎日新聞、朝鮮日報共催）と韓国の錫塔《ソクタプ》産業勲章を受章したことである。自然農業が品質だけでなく環境と生命を守る農業であることが広く認められたことになると思う。

日本では現在、日本自然農業協会により、基本講習会や日本各地の生産者を訪ねる勉強会、国際交流がおこなわれている。すでに各地の生産者が自然農業によって、すばらしい成果をあげている。その成果は稲作、野菜、果樹だけでなく、養鶏、養豚、肥育牛においても注目される結果が報告されている。日本からは、毎年、熱心な生産者が韓国の農場まで視察にくる。自然農業が架け橋となり、韓国と日本の交流が深まることは望外の喜びである。

自然農業を実践することで環境を保全し、生命を尊重し、さらに栄養価が高く生命力のある農産物が、日本でいっそう普及されることを願っている。

二〇一〇年二月

趙《チョウ》漢《ハン》珪《ギュ》

自然農業が地域と地球を救う～待ち望んだ発刊～

NPO法人 日本有機農業研究会理事長　佐藤喜作

かつて大自然の地球は健康界（清浄界）であった。これをわずか半世紀で病界（汚染界）にしてしまった人間の罪は大きい。人造物質で地球征服に危機を感じた物言わぬ動物の獣医師趙漢珪先生は、その眼力で無限の力をもつ自然力の解明と応用の自然農業に挑戦した。当時、農家と農業の自給強化を模索していた関係で、趙先生、編者の姫野氏とは昵懇《じっこん》に、お世話になり、協会会員にもなっている。化学に幻惑されている農民が、これを排除する農法に唯々諾々と取り組むはずもなく、実践、証明しながらの地道な普及が続いた。かくて実践者も驚く自然生命力利用農業が確立しつつある。これまでの協会の取り組みと会員の努力を多としたい。その実践の姿、考え方と取り組み方を基本から平易に解明したのが本書である。

今日懸念される最大の問題は、大自然と人界が失った自浄力を取り戻すことである。この惨状を健康界にできるのは、有機農業であり自然農業なのである。

生きることは生かすことである。規模の大小でもないし、施設農業でもない。しかも所も選ばず誰でも可能である。この自給自立の考えにもとづいた自然農業、家族農業によって健康界が実現し、平和な地球となれば永遠が約束される。示唆に富んだ好書をおすすめするしだいである。

環境に負荷をかけない自然農業～発刊に寄せて～

農業ジャーナリスト　大野和興

農業とはなんだろうとよく考える。種を蒔《ま》く、芽が出る、花が咲く、実が実る、取り入れる、この一連の過程で人の行為が中心的にかかわるのは最初の「種を蒔く」ときと最後の「取り入れる」ときだけ、後は自然の力が主人公である。農業という営みを突き詰めていくと自然の力にいきつく。

それに対して、この五〇年間進められた農業近代化といわれるものは、「自然を排除する」ことを本質としてきた。生産性向上をめざしてひたすら効率を追求するためには、自然は邪魔者でしかない。土を豊かにする代わりに化学肥料が登場し、作物を病気や虫に負けないように丈夫に育てる代わりに農薬の大量使用が進められた。

その到達点が生命を操る遺伝子組み換え技術やクローン家畜の作出、植物工場だ。自然性の排除とは生命性の排除に他ならない。いま極限にまで高まっている食への不安の大本をたどっていくと、こうした現代農業のあり方そのものの歪みにいきつく。いま問われているのは、現代農業の病弊ともいえるこの状況をどう抜け出すかの道筋を明らかにすることなのだ。

その解答は趙漢珪さんが創設した韓国自然農業のなかにある。豊かな自然観に裏打ちされた自然農業の技術体系に、これからの農と食の希望を見いだしたい。

はじめよう！自然農業――もくじ

第1章 自然農業の考え方と技術の特徴 31

第2章　自然農業資材のつくり方・使い方　99

もくじ

第3章 作物ごとの栽培と基本資材使用法 163

もくじ

第4章 地域風土に根ざした自然農業の実践 221

＊監修者の趙漢珪先生、さらに大井上康先生による用語にしたがい、本文では「生長点」「栄養週期」と表記していますが、各章の初出の本文（）内では「生長点（成長点）」「栄養週期（周期）」の表記にしています。

自然農業WORLD

安心・安全・高品質の農畜産物づくり

生態系のバランスを崩さず、自然の法則に従う自然農業。環境保全型農業・持続可能な農業として、生命力あふれる農畜産物づくりを追究する

追肥などを施したナス畑（千葉県横芝光町）

無農薬、無化学肥料のネギ栽培（千葉県横芝光町）

収穫期のハウスイチゴ（千葉県横芝光町）

草のない自然農業の田んぼ（熊本県宇城市）

ニンジンを掘り取る土屋喜信さん（千葉県横芝光町）

子どものように寄ってくる子豚と山下守さん（熊本県天草市）

収穫期の河内晩柑と新田九州男さん（熊本県水俣市）

天恵緑汁を柑橘園に散布（熊本県水俣市）

結実したトマト。品種はマイロックなど（千葉県銚子市）

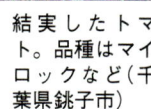

土着微生物の採取・培養と使い方

土着微生物とは、古くから地域に棲息してきた微生物。採取、培養によって土づくりなどに利用できる

使い方

柑橘園にボカシ肥料を施す

土着微生物５番のボカシ肥料

採取・培養法

❶弁当箱のような杉箱をつくり、蒸した（炊いた）ご飯を入れる

❷裏山の竹林などの腐葉土、枯れ葉のなかに杉箱をいける

❸杉箱に動物よけネットをかけ、腐葉土、枯れ葉で覆う

❹数日後、杉箱に繁殖した白い菌（土着微生物１番を持ち帰る）

❺土着微生物１番と黒砂糖を混ぜ、カメに保管（土着微生物２番）。元種

❻土着微生物２番に米糠を混ぜ、水分を調節して発酵させる（土着微生物３番）。山をつくって、わらなどで覆う

❼土着微生物３番に赤土（前）、畑の土（右）などを混ぜる（土着微生物４番）

❽土着微生物４番はわらなどで覆い、発酵させてつくる

❾土着微生物4番に米糠、油カス、炭、魚カス、貝化石などを入れ、発酵させてボカシ肥料をつくる（土着微生物5番）

自然農業WORLD

天恵緑汁のつくり方・使い方

天恵緑汁とは、植物の血液(葉緑素など)を黒砂糖や微生物の力を借りて抽出したもの。作物や家畜を健康に育てる農業資材として幅広く利用できる

使い方

500倍に希釈した天恵緑汁をハウスのイチゴに散布する

つくり方

❶早朝、ヨモギ、クレソン、タケノコなどの材料を採取する

❷材料(ヨモギ)を計量し、包丁でざく切りにする

❸タライに材料を入れ、黒砂糖を入れて混ぜ合わせる

❹材料を押し込むようにしてカメに入れ、表面を黒砂糖で覆う

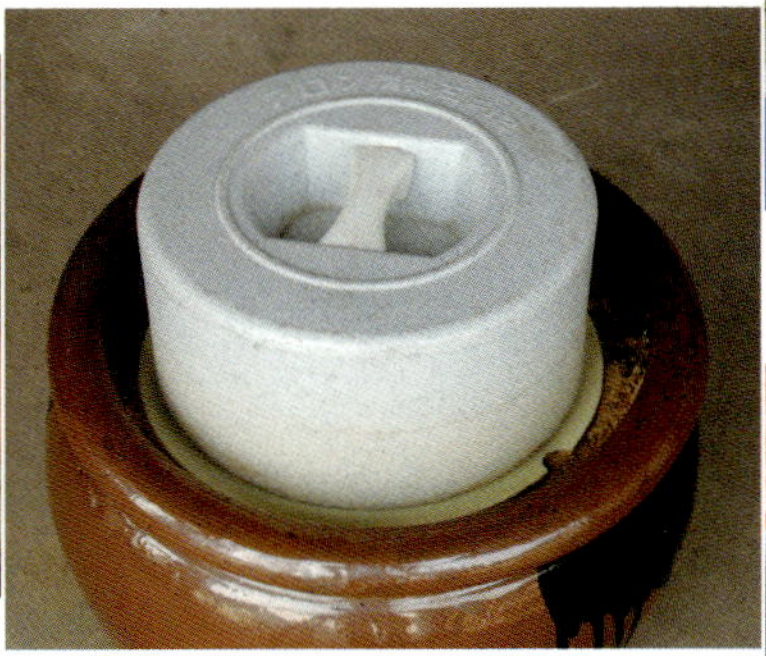

❺重石をのせ、一昼夜おいて空気が抜けたら重石をとる

❻和紙などでふたをし、材料、仕込みの日付などを記入しておく

❼1週間くらいして汁が出て発酵したら、材料をザルで濾して液を取り出す

❽液をすぐ使うとき、もしくはカメの容器がないとき、ペットボトルに入れる

❾液をカメの保存容器に入れ、和紙などでふたをし、冷暗所で保管する

自然農業WORLD

手づくりの農業資材いろいろ

漢方薬の材料を発酵させ、焼酎に浸けて抽出する漢方栄養剤や乳酸菌、果実酵素などの自家製農業資材。作物の活性化などに利用できる

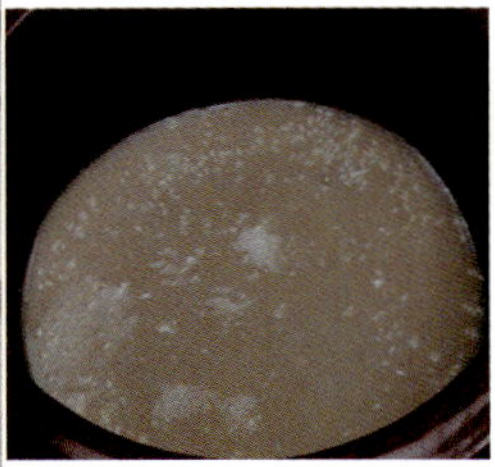

〈ドブロク〉

〈果実（イチゴ）酵素〉

焼酎に浸けたニンニク

焼酎に浸けたショウガ

漢方栄養剤

桂皮

焼酎に浸け込む

当帰

焼酎に浸け込む

甘草

焼酎に浸け込む

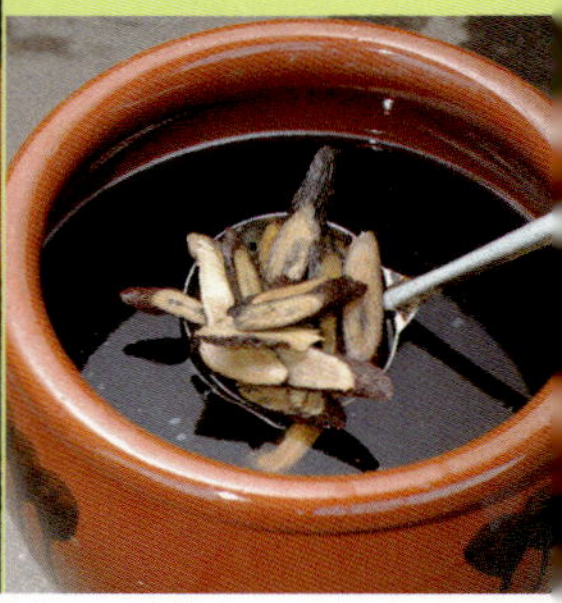

＊漢方栄養剤は5種類を混合、希釈（1000倍）して使用する

〈水溶性カルシウム〉

〈水溶性リン酸カルシウム〉

〈魚のアミノ酸〉

魚のアラ

黒砂糖で浸け込む

〈乳酸菌〉

序　章

自然農業の営みと大いなる恵み

育つのは作物。人間は手助けをしてやるだけ

「青い鳥」を見失った現代農業

『青い鳥』の物語を覚えているだろうか。

ベルギー出身のノーベル賞作家メーテルリンクの戯曲である。貧しい木こりの子ども、チルチルとミチルが主人公だ。ストーリーは、二人が幸福の青い鳥を探しに長い旅に出るが見つからず、結局、家に帰ったら飼っていた小鳥が青い鳥だった、というものである。大切なものは身近にあるということが、物語のテーマの一つだ。

自然農業は、現代農業にとっての「青い鳥」である。驚かれるかもしれないが、大切なものは身近にあることを、自然農業を通じて知ることができるだろう。

裏返せば、現代農業と私たちの食をとりまく環境は、「青い鳥」を見失ってしまっているように思えるのだ。

私たちの食について考えてみよう。

日本では、廃棄処理が問題になるほど食べ物があふれているが、アトピー性皮膚炎に悩む子どもが多い。さらに、生まれて間もない赤ちゃんが糖尿病を患《わずら》っているケースもある。原因は水や空気などの環境汚染もあるだろうが、食べ物が大きな原因の一つではないかと考えられる。

身の回りの食品に目をやると、半世紀ほど前とは大きく変わっているのに気づく。街にはファストフード店や弁当屋があふれ、スーパーではお惣菜コーナーや加工食品売り場が大部分を占めている。肉、魚、野菜、果物は輸入ものが大部分を占めている。

それらには見た目や流通の事情で、着色料や防腐剤などの添加物が多量に使用されている。さらにポスト・ハーベスト（収穫後の農作物への農薬散布）、遺伝子組み換え作物といった、本来の自然とはかけ離れた技術が使われている。

本来、自然の恵みをいただくための農業は、どこにいってしまったのだろうか。

「食べ物は本来、薬なのです」

自然農業の伝道師である趙漢珪《チョウハンギュ》地球村自然農業研究院の院長である趙漢珪氏はこのように言う。

「それを食べたら元気になる――それこそが本当の食べ物です」

農業についていては、どうだろう。

現代農業は、政策と流通の原理に振り回されて疲弊しているように見える。農作物の収量を上げるはずの化学肥料が、多投入と画一的な配合のせいで、かえって土の疲弊を招き、品質を低下させてしまっている。

害虫や病原菌を殺して作物を救うはずの農薬が、一緒に天敵や微生物まで殺してしまい、生態系のバランスを崩してしまった。そのため、さらに農薬をまかなければならないという悪循環を招いてしまっている。

作業を楽にしてくれる大型機械の導入も、土の団粒構造を壊してしまい、作物の根の環境を悪化させている。自分たちを幸せにしてくれると信じてすすめてきた近代化に疑問を持たざるをえないのが、いまの状況ではないだろうか。

その結果、農業を生業とする農家が生産費の高騰と農産物価格の低迷、さらに必要以上の一次産品貿易の拡大による輸入農産物の増加などの波をかぶり、農業に魅力を失いつつある。農業後継者の不足が深刻な問題となっている。「農村に後継者がいなくなるのが、いちばん深刻な環境破壊です」と趙漢珪氏は言う。

自然農業の道理と効用

自然農業は自然の摂理に従って、生命力のある農産物を生産する。そのために、生命力のある土づくりをする。土づくりの基本として、その地域にもともとある微生物群を利用する。自然農業では、この微生物群を土着微生物と呼び、自家採取し、培養し、畑や田んぼ、畜舎に活かす。

自然農業でつくられる農作物は、農薬や化学肥料を必要としない。土着微生物の力を借りて、安全で生命力にあふれた農作物をつくることができる。これらを日常的に食べることで、健康な毎日を送ることができるだろう。

生命力のある農産物を食べてこそ、生命は養われていく。命から命へとつなげていくことができる。食べるだけで元気になる米、野菜、果物、卵、肉。それを生産するのが自然農業である。

また、その土着微生物を多様化させ、豊富にするための農業資材もみずからの手でつくる。材料はすべて身近なものばかりである。人間が飲んでも健康に役立つものばかりなので、散布作業に防護マスクやカッパは必要ない。

たとえば、基本となる「天恵緑汁」は、ヨモギやセリなどを黒砂糖で浸けて抽出し、発酵させた酵素液である。タケノコやクズの芽なども用い、その生長ホルモンを活かす。また、果樹栽培で摘果した果実、さらにトマト、キュウリのわき芽も捨てないで黒砂糖に浸けて液を抽出して活かす。

作物や家畜の精力を増強させるには、漢方栄養剤を使う。病気の対策として乳酸菌や玄

白い菌の固まり（通称ハンペン）を利用して土着微生物を培養する

土着微生物を活用して、自家製肥料をつくる（熊本県宇城市）

ヒジキの天恵緑汁（熊本県水俣市）

自然農業で栽培すると病気の心配がない。トマト（千葉県銚子市）

無農薬栽培でみごとに実った河内晩柑（熊本県水俣市）

自然農業の取り組みによって、たわわに実ったキウイーフルーツ（韓国固城郡）

米酢を使用する。防虫対策もニンニクやトウガラシなどを利用して自家製造する。

自然農業では自家製造の農業資材が基本なので、畑に何をやったかがわかる。だから、作物の変化に応じた対応ができる。そうすると、作物や家畜を観察する目が養われてくる。作物や家畜と話ができるようになれば上級クラスである。

農業資材を自分でつくるのが、めんどうくさいという方もいるかもしれない。しかし、試しに土着微生物を培養してみてほしい。米糠の温度が上がっているのを手で触ると驚きが喜びに変わっていくに違いない。たくさんの命が活動しているのを実感できるからだ。

たくさんの微生物たちが日々働いてくれるから作物ができるのだと思うと、微生物がとても大事に思えてくるようになる。大自然の大きなメカニズムのなかで育っていく作物たちに思いをはせると、自然の恵みに対する感謝の気持ちが湧いてくる。そうすると農作業が楽しくなってくるのである。

こうして自然農業を実践すると土がよくなり、作物の質が向上する。もちろん味もよくなる。すると、天恵緑汁の材料を集めに山に行ったり、海水をとりに海に行ったりするのも苦ではなくなってくる。むしろ、家族と一緒に遊びに行きながらできると、多くの実践者が語っている。

ある大学教授が慣行農法と自然農業の比較調査をしたとき、労働時間について聞かれ、自然農業の実践農家が答えたそうだ。

「同じ一時間でも天恵緑汁の散布なら楽しいね。味がよくなると思うと一時間くらいどう

自家製資材は安全なもの。マスクなしで散布作業ができる（千葉県・土屋喜信さん）

「自然農業に家族で取り組んで、毎日が楽しい」と作本征子さん（熊本県宇城市）

ってことない。でも以前、農薬散布していたときは一時間が長かったね。今日散布しても、また次に散布しなきゃならない。義務的にやるしかなかったからね」

自然農業はやればやるほど、土ができてくるので、労働時間は減っていく。自然の原理を応用しているので費用もかからない。生産費が下がるのに質は向上する。自信をもって自分の農産物に価格をつけることができるだろう。

このような農業のあり方が、現代農業がかかえる問題の解決への一つの道であることはまちがいない。

はじめてみよう！　自然農業

自然農業は趙漢珪氏が、日本の山岸巳代蔵、柴田欣志、大井上康の三人の先生の理論や思想から学び、韓国のキムチをはじめとする発酵文化など先人の知恵を総合的にまとめて体系化し、現代の農業に活かせるように工夫したものである。

韓国、日本はもちろん、現在では中国、モンゴル、タイをはじめアジア各国、ロシア、アメリカでも実践・普及されている。その地域の自然を活かすやり方なので、どのような条件の地域、国でも実践できる。

本書では、自然農業の考え方からはじまり、土着微生物の採取、培養の仕方、天恵緑汁をはじめとする自家製農業資材のつくり方、効果、使い方をわかりやすく具体的に解説している。また、肥培管理の仕方として栄養週期（周期）理論も解説している。

また、自然農業では有畜複合経営をすすめている。自然農業による養鶏、養豚についても飼養のポイントを述べる。最後に自然農業の実際の取り組み方を野菜、果樹などを主に具体的にアドバイスをし、さらに実践事例として日本と韓国の農家の取り組み内容を紹介している。

まずは本書を参考にして、あなたの畑で自然農業をはじめてみてほしい。農家のみなさんだけでなく、家庭菜園、市民農園、体験農園などに取り組んでいる方々にもおすすめしたい。地域づくりに取り組む行政マンの方にもぜひ読んでいただきたい。稲作から野菜、果樹栽培、畜産まで、自然農業の応用範囲はきわめて広い。どのような地域にでも応用で

セミナーの後、周辺の植物を調べて、アドバイスする趙漢珪氏（中央、インドで）

自然農業で栽培すると味がよくなる。甘くておいしいと評判のニンジン（千葉県横芝光町）

自然農業協会では5泊6日の基本講習会で理論と実際を学ぶ。見学先のタマネギ畑（熊本県）

きる。

「生長点（成長点）を活かす」という考え方は、教育にもつながる。保育士や教師のみなさんにも読んでいただけたら参考になるのではないかと思う。自然農業を総合学習や食育の授業にも活かしてもらいたい。土着微生物で生ゴミ処理をして、環境学習の教材にしている中学校や、天恵緑汁でパンづくりをしている高校もあるのだ。

大事なものはすべて身近なところにある。「青い鳥」に気づかせてくれるのが自然農業なのである。

第１章

■

自然農業の考え方と技術の特徴

生命力あふれる作物を生産。ニンジン畑（千葉県横芝光町）

自然農業の技術の特徴

それでは、自然農業に取り組むさいの技術と心得を紹介する。自然農業の技術についての特徴は序章でも触れたが、要約すると次のとおりになる。

地域の自然を活かした手づくり農業資材

第一に、農業資材は、その地域の自然を活かして、すべて農家が手づくりすることである。市販の微生物資材や有機肥料は使用しない。微生物は裏山の腐葉土のなかや竹林から採取して拡大培養する。これを「土着微生物」と呼んでいる。

市販の微生物は、特定の菌を一定の温度、湿度などで調節した環境内で純粋培養したものである。これらは、台風もあれば、日照りもある、低温・長雨もある露地で効果を期待できるだろうか。いくら病害などに効くといっても、かならずしも一年を通してその力が発揮できるものではない。

土着微生物は、人間よりはるかに昔からその地域に棲みついたものである。微生物は環境のもとに生きている。すなわち、その地域の気候や環境に合ったものだけが棲みついてきたのだ。したがって非常に強い。

また、自然農業では地域のさまざまな場所で、季節ごとに採取して混合するので、多様な微生物が存在することになる。何かの原因で、ある菌が異常に繁殖しようとすると、別の菌がそれを取り囲んで阻止する。微生物には自分たちでバランスをとって生活する拮抗作用がある。

土着微生物がいかに強いかは、培養してみるとわかる。土着微生物の元種《もとだね》づくりや拡大培養は土の上でおこなうのが原則だが、その土のなかに白い菌がどんどん食い込んでいくのがわかる。

市販の微生物資材では、こうはならない。また、第2章で詳しく述べるが、採取した土着微生物（便宜的に菌の状態を土着微生物1番という）ならば、黒砂糖で浸け込んだ元種（土着微生物2番という）や、土と一対一で混合したもの（土着微生物4番という）は保存ができ、必要なときに拡大培養することもできる。

また、身近な植物を黒砂糖に浸けて発酵させた「天恵緑汁」は、酵素や酵母を多く含んだ液で、作物や家畜を元気にする働きがある。

漢方薬やニンニク、ショウガを焼酎浸けにした「漢方栄養剤」は、病虫害を防ぎ、精力を旺盛にするものである。

魚を黒砂糖に浸けた「魚のアミノ酸」は吸収によいチッ素肥料である。

牛や豚の骨を焼いて玄米酢に浸けた「水溶性リン酸カルシウム」は吸収によいリン酸カルシウムである。

卵の殻を玄米酢に浸けた「水溶性カルシウム」もある。

米のとぎ汁と牛乳でつくる土着の「乳酸菌」もある。

ニンニクやトウガラシでつくる虫の忌避剤など、すべて自家製の手づくり農業資材である。これらの自家製資材の活用で生産費を下げ、高品質の農産物を生産することができる。そして、自信をもって自分の生産物に自分で値段をつけることができるのだ。

自然農業は農薬を使用しない

第二に、自然農業は、化学農薬を使用しない。農薬は文字どおり「農業の薬」であるならば、本来、よいもののはずである。

ところが、化学農薬は害虫を殺すだけではなく、益虫も殺してしまう。また、害虫は益虫の餌でもある。それが農薬散布によって奪われてしまうのである。自然界では虫は虫同士でバランスを保っている。そのバランスを人間が崩していることで、農薬から抜け出せない悪循環を招いている。

作物に虫がつくもう一つの原因は、肥料のやり方である。ほとんどの場合、チッ素過多によるものが多い。「虫が来る」のではなく「虫を呼んでいる」のだ。自然農業では、土壌の基盤造成液の散布などにより環境を整え、さらに肥料の適期、適量を守ることで虫の来にくい作物にする。

また、農薬の問題点は、そのまま土壌や果実に残ってしまうことである。たとえ残留基準値を超えていないとしても、それが人体に取り込まれて蓄積すると、本人の体だけでな

自然農業の取り組みの基本

◆無農薬、減農薬
◆無除草、抑草。果樹は草生栽培
◆不耕起、浅耕、自然耕（菌耕）
◆無化学肥料、自家製の肥料
◆自家製の農業資材
土着微生物、天恵緑汁、漢方栄養剤、農業用ミネラル液、魚のアミノ酸、水溶性リン酸カルシウム、水溶性カルシウム、乳酸菌血清、誘引殺虫剤（ほめ殺し）、酵母菌、との粉、キャノーラ液、コウジ菌、炭、ニンジン酵素土、麦芽糖、海水
◆畜産＝自家製の配合飼料
◆畜産＝環境汚染のない畜舎
◆畜産＝人工保温をしない畜舎

く次の世代にまで深刻な被害を及ぼす危険性がある。

私たちは、身のまわりの土壌や水、空気を次世代への遺産として残しても恥ずかしくない農業をめざしている。どうしても虫対策が必要な場合は、自然の植物を利用した自然農薬を使用している。

話は少しそれるが、以前、農薬による農家の健康被害について調べたことがある。有機農業、自然農業に取り組む農家の話を聞くと、自分あるいは、お父さんなどが肝臓をやられたとか、がんになったのをきっかけに農薬を使わない農業をはじめたという方が多かった。

日本全国の実態はどうなっているのか知りたかった。しかし、まとま

った資料は、なかなか見つからなかった。

原因が農薬かどうか特定できない困難さもあるようだ。地域の熱心な医者による統計などがあるだけだった。そこでわかったのは、七割以上を占めていたのが農薬服毒による自殺というものだった。これもまた、別の意味で悲劇だと思う。農家は危険を承知で、経営のために農薬散布をおこなっている。

自然農業では、単に農薬をやめるのではなく、土壌環境を整え、作物の自然治癒力を引き出すような栽培を種の段階からおこなう。家畜においては雛の段階、子豚、子牛の段階から潜在能力を引き出す管理法をおこなう。

自然のバランスを取り戻した生態系は、害虫や病気の発生を抑える。このことは、自然農業ですでに実証されている。病気になりにくい体をつくっていくことで、結果的に農薬を必要としない作物や家畜にすることができるのである。また、畑作において露地栽培では初期にべたがけ（防寒、防風のために不織布を作物にかける）をしたり、ハウス栽培ではメッシュの細かいネットを張ったりして物理的な防除法も組み合わせる。天敵を利用する方法もあるが、ハウスのなかとはいえ、日本に生息していない外来の生物を持ち込むことは生態系を崩すおそれがある。

自然農業の果物は自然な色、香り、形状、模様がある。虫食い跡が多少あっても、それは無農薬の証拠なのである。

一部の果樹栽培において、完全無農薬ではない会員生産者がいる場合があるが、一般に比べ、農薬使用量は半分以下である。経営を考え、作物と話をしながら土づくり、樹づくりに励んでいる。

生命力のある農産物を生産農家みずからが誇りをもって生産すること。これが自然農業の目標である。

自然農業は除草剤を使用しない

第三に、自然農業では除草剤を使用しない。

化学物質での除草は、唯一の解決方法でも賢明な方法でもない。除草剤は、人間に致命的な被害を及ぼす。当然、大事な土着微生物まで殺してしまい、土壌微生物のバランスを崩してしまう。草が生える土地がいいか、草が生えない土地がいいか、よくよく考えてみてほしい。

自然農業では雑草を除去せず、むしろ活用する。

果樹栽培においては、草生栽培が基本である。草を生やすと肥料を奪うと心配する人もいるが、そんなことはない。

たとえば、ライ麦やクローバーなどの草をマルチ効果のために育てる。草は、土の浸食を防ぎ、水分を保持し、夏は直射日光の暑さをやわらげ、冬は微生物の繁殖によって地温を上げてくれる。さらに、その草が有機肥料となり、土壌の通気性を向上させ、害虫を抑制する働きがある。草は草で抑えるのが自然農業の基本だ。

稲作においては、アイガモやジャンボタニシを使用する人もいるが、二回代掻きや、米糠散布、冬期湛水不耕起など、田の条件に合わせて除草剤を使わない方法が実践されている。

畑作においては、稲わらや枯れ葉などの有機物マルチで雑草を抑える。太陽熱消毒法については、第4章の作本征子さんの実践例で詳しく紹介しているので、参考にしてもらいたい。

趙漢珪先生は「草とケンカして勝った人はいない」と言う。先人の知恵や英知を活かして工夫すれば、草とケンカせずに作物を栽培できる道はあるのだ。

自然農業は耕さない

第四に、自然農業は人為的に土を耕さない。つまり、不耕起《ふこうき》、無耕耘《むこううん》である。

微生物は土の表層付近に主に棲んでいる。土を耕す行為は、せっかく形成された微生物の棲みかをひっくり返す行為になる。耕さないことで微生物の棲みかを壊さず、微生物が生きていく環境を整えていくのである。微生物の働きで土づくりがおこなわれることを自《し》然耕《ぜんこう》、菌耕《きんこう》と呼ぶ場合もある。

山の木は自らの枯れ葉が降り積もっただけで、あんなにも鬱蒼と生い茂る。積み重なった枯れ葉は、微生物や小動物によって徐々に分解され、土をつくっていく。それが養分となって木を育てている。

山の腐葉土のなかは、微生物の宝庫だ。土着微生物を「山の神様」と呼ぶ農家もある。

生命力あふれる山の環境に近づけるように畑の環境を整える。

だからといって、土の環境を整えるのに何十年もかけていては、農業経営は成り立たない。それに近づけるために、土着微生物の力を借りるのだ。そうすると、人間が考えるよりも、はるかに早く環境を整えることができる。

田畑を耕す機械を使用する代わりに、休むことなく生命活動を営み続けるミミズや微生物、小動物などを利用する。機械は精いっぱい耕しても二〇cmくらいだが、ミミズは水や餌を求めて四〜七mも掘るといわれている。

さらに、ミミズの糞や尿は最高の土壌をつくるのに役立つ。

耕された所に生えた草と耕していない地面に生えた草と、どちらが抜けやすいか考えてほしい。堅い地面に生えた草は抜けにくく、切れてしまう場合もある。これは草自身にとってはどちらがいいだろうか。堅い地面に根を張るのは時間もかかって大変かもしれないが、その後の生長をしっかり支える根ができることを意味している。自然農業では、このようなしっかりとした根をつくることが栽培の基本だと考えている。

また、耕耘機でいくら深く耕したとしても、せいぜい二〇cmくらいだろう。そこへ作物が根を下ろしたとき、最初はやわらかくてスイスイ伸びるかもしれないが、それから先は固い地面を突き破っていかなければならない。ところが、生まれて最初の環境がよすぎたせいで、根は伸びにくくなってしまう。植物は種から最初に根を出し、芽を出すときが、一生でいちばん開拓力のあるときなのに、人間がその力を奪ってしまったことになる。

自然農業では、作物がもつ潜在能力を発揮させるため、耕さない。耕すことがあるとしても浅く耕す（浅耕《せんこう》）だけである。

畑においては、前作の畝《うね》を整える程度にして、そのまま利用する。収穫したあとの茎や根もマルチとして活用する。

一般的には「病気が蔓延する」という理由で、作物の残滓《ざんし》はすべて外に出すよう指導されているが、自然農業では有機物は宝物という位置づけだ。自然界では自分の枯れた体を肥やしにして、次の世代が生長していくことを繰り返す。その作物が必要とする栄養素はその作物がもっている。

自然農業は化学肥料を使用しない

第五に、自然農業は化学肥料を使用しない。

化学肥料は病虫害を招きやすく、農薬の散布にもつながる。化学肥料を構成しているチッ素、リン酸、カリ、カルシウム、そしてほかの栄養素は自然農業の資材で代替できる。土着微生物による発酵肥料は、肥料分とそれらを分解する微生物を同時に与えるので、肥料効率もよい。自然農業の農業資材である、魚のアミノ酸はチッ素を、卵の殻はカルシウム、動物の骨はリン酸カルシウムを含有している。

作物や家畜は栄養素で育てるのではなく、生命力のある栄養源で育てる。生命で生命を育てるのである。

自然農業の自家製資材は、化学肥料に比べて安いだけでなく、効果も顕著である。化学肥料による画一的な施肥では、畑ごとの土壌、その年の気候環境などに細かく対応することはできない。

とくに最近の異常気象下では、作物を観察しながら細やかに調節しなければならない。自家製肥料であれば、中身がすべてわかっているので、臨機応変に対応できる。たとえば、雨が多く、日照量が不足しているときはチッ素分を減らし、その代わりにリン酸カルシウムを多めにやるのがよい。

また、落ち葉や作物の残滓でつくった堆肥も、土壌の物理的改良に非常によい。自然農業では、堆肥も土着微生物を活用する。分解しにくい木のチップなどの場合は海水を散布する。

また、土着微生物が豊富になったら、微生物や小動物の死骸そのものがりっぱな肥料になる。そんな環境をつくり上げたら、肥料すらやる必要がなくなる。究極の土づくりとはそんな世界ではないだろうか。

「栄養週期理論」で作物・家畜に対応

第六に、自然農業は、大井上康先生が体系づけた「栄養週期（周期）理論」により、作物や家畜を管理する。

「栄養週期理論」では、生命体の生長（成長）段階を正確に把握し、各時期の特徴を把握する。自然農業は、「多くやれば多く得られる」という化学肥料中心の考え方や、「ざっと散布しておけばよし」とする化学農薬中心の農法に反対している。

自然農業は精密農業である。安全な資材を適期、適肥、適量使用することを基本にしている。

自然農業では、作物の生長・発育段階を大きく、「栄養生長期」、「交代期」、「生殖生長期」として、農家が発育診断できることを指導している。

人間に幼年期、少年期、思春期、壮年期、老年期があるように、作物には胚植物、実

「栄養週期理論」による作物の生長・発育段階

	稲の場合の生長・発育			多く必要な栄養分
栄養生長期	発芽 幼苗（離乳期） 壮苗 成苗（定植）		種子 発芽 苗	チッ素（N）
交代期	初期（穂首分化期） 中期 末期（出穂期）	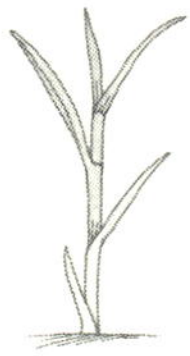	穂首分化 花器形成 子実の発育	リン酸（P）
生殖生長期	開花期 胚生長期 胚成熟期 母体枯死期 来年の種子		開花・胚生長 胚熟成 収穫	カリウム（K） カルシウム（Ca）

生、幼苗、壮苗、開花、結実、成熟などがある。最初の栄養生長期から開花して生殖生長に移るまでの過渡期を、交代期として、重要視している。人間でいえば思春期にあたるだろう。この時期に量的変化だけでなく質的変化が内部で起こりはじめる。生殖して結実するための準備期間にあたるが、この時期にリン酸主体の肥料が要求される。

妊娠すると「つわり」があり、酸っぱいものを欲しがるように、家畜はもちろん作物も、次世代を養うための「つわり」に相当する時期がある。そして、そのときにふさわしい養分が必要とされる。

これまでの栽培学では、常に肥料切れしないようにという考え方で、チッ素主体の元肥主義が一般的だった。これは有機農業においても、化学肥料をただ有機質肥料に置き換えただけで、同じである場合が多い。栄養週期理論は、栄養生長期にはチッ素を多めに、交代期にはリン酸を多めに、成熟期にはカルシウムを、というように生長段階に応じて変わる、作物が要求する肥料成分を与える技術を研究し、実証したものである。

自然農業で作物をつくるには、まず発育週期の原則を知ることである。そして、それぞれの作物における正常発育と異常発育には、どのような差があるのかを調べる。また、異常発育はどんなとき、どんなところに発生しやすいかを見つける。それらを栽培方法や作業過程（施肥、剪定、土壌管理など）に関連づける。

このような経験をすることで、既存の作物栽培や肥料に関する常識にとらわれず、発育の週期性や作物の診断ができるようになる。そして、それに対する対策を正しくとらえることができるのである。

作物・家畜への親愛の情が肝要

そして何よりも大事にしているのは、第七として、作物や家畜に対する親愛の情である。自他一体の原理（自然の摂理にもとづき、他との関係がつながっていることを大切にする考え。本章の最後の部分で詳述）に基づき、子どもを育てるように愛情をもって飼養する。

自然農業では作物や家畜は同伴者であると考えている。自分の都合だけで栽培、飼育するのではなく、作物や家畜の立場に立って、いま、何を望んでいるのかを考える。

主体をもって育つのは作物であり、家畜である。農民はその環境を整えてやるだけだ。よけいな干渉をするのではなく、作物や家畜の生長点を活かし、潜在能力を引き出すようにするのが農家の務めだと考えている。

自然農業の畜産

自然農業の畜舎には汚染がない

畜産については、次の三点が大きな特徴である。

第一に、自然農業の畜舎には汚染がない。

自然農業の畜舎では、糞尿が床に落ちると、強力な微生物で分解される。床はコンクリートではなく、土と接している。床が生きているのだ。土と縁を切らないのが大原則である。鶏舎では稲わら、豚舎ではおがクズ、そして新鮮な土を床に使用している。自然農業の畜舎は長年使用しても糞尿を掃除する必要がなく悪臭もない。太陽光線、風、微生物といった自然を活用し、床はいつも乾燥してサラサラである。

人が住む家のすぐ横に畜舎があるのが、自然農業ではめずらしくない光景だ。

自然農業の畜舎は人工保温をしない

第二に、自然農業の畜舎は人工的な保温をしない。

地球環境の面からもコストの点からも、化石燃料や電気を消費せず、寒さに対する自然な抵抗力がつくように、家畜を育てるほうが賢明である。

自然農業の鶏は毛が短くて粗《あら》く量が多く、寒さに対する耐性が強く育つが、一般の鶏は長くてやわらかい毛である。ただし、寒い地方や低温に対しては育雛箱で堆肥の発酵熱を利用する。

自家製の配合飼料を与える

第三に、自然農業の飼料は、農民がつくる自家製の配合飼料である。

養鶏では雛入れし、まず玄米と竹の葉を食べさせる。繊維質の多い餌の多給によって腸を丈夫にする。胃腸が丈夫なので、普通なら食べられないようなものも平気で喜んで食べる。自然農業で育てられた家畜は健康で強く、病気にほとんどかからないのである。

自然養鶏への手引き

今までにもさまざまな養鶏法が伝えられ、一様に「安心、安全、自然、健康、循環」などをテーマにして現在に至っているが、真に鶏の立場に立った飼育法ではなく、管理者が管理しやすい、作業効率を優先させたものがほとんどである。

また、昔の庭先養鶏で、貴重な卵ができていた時代と、汚染されてしまったいまの自然環境とでは条件が違うので、卵も昔のものとは大きく違っている。

この自然養鶏法では、飼育するための環境を整え、鶏の生理・生態に合わせた管理をおこない、農業に対する真の心を養い、本来の自然を理解し、自他一体の原理にそって、鶏に養父母、恋人、子どもに対するような愛情を持ち、接しながら、触れ合う営みを重視する。

飼育するうえで「何が大事で何が必要か」が明確で、人も鶏も快適に、心豊かで楽しく暮らせる極意が秘められている養鶏法である。

この養鶏の大きな特徴として、いくつか列挙しておこう。

●立地条件に地の利を優先
●自然の力をあらゆる方面から取り入れ、環境を整える
●鶏舎構造と飼育法が関連している
●動植物と対話しながら進める
●鶏の生活環境を日々整える
●床の香りを山土の香りにする
●薬剤師や医者の意識で餌を提供する
●起きたことの対策より、起こらない対策に力を入れる
●悪臭なし
●日々の糞出しなし
●ハエが寄らない
●嘴《くちばし》を切らない
●雛から廃鶏までバタリー（飼養するケージ）不要
●雛から廃鶏まで一生同じ部屋で過ごす

そこで、自然養鶏に取り組むにあたって「どのような内容を提供し、どのような貢献をしたいのか」などの志が高いほど、高レベルの条件が必要となる、そこが見えてくれば、

おのずとやらなければならないことが見えてくる。もう少し具体的に見てみよう。

どのような内容の卵、肉を提供するか

かたちだけの提供ではなく、内容を追求し、どこまで高めるかによって、見た目、味、効能が違ってくる。それは野山に自生する薬草とハウスで栽培する薬草との違いを考えればわかるだろう。

野山とハウスとの環境条件で何がどう違うのか。有形・無形を含めた違いを観察し、「何が大事で何が必要か」を見いだしてみよう。そして有形・無形にかかわらず、足りないものをさまざまな形にして細かく加算していく。それが、趙漢珪先生が開発した自然農業の手づくり資材だ。

農地面積

鶏舎は、間口三・六m、奥行き八・二mで、約九坪の部屋を東西に並べたものだ。一部屋で一〇〇～一二〇羽を飼育するので、何羽飼育するのか、二軍の雛部屋を何部屋にするかによって部屋数および面積が決まる。そのほか、納屋、作業場、保管室、展示室(消費者に積極的にアピール)など近くにあるとよい。

立地条件

正面を真南に建てるので、南側と東側に障害物がなく、水平もしくは下り坂が望ましい。その場合は西側か北側が高くなっているほうがさらに望ましい。

これは向きによって、太陽光線が鶏舎に射し込む角度が変わるからである。西日は避けたいので、何もない場合は木を植えるなど工夫する。さらに風通しがよく、水位が低いこと。また、敷地内には一般に針葉樹より広葉樹が多いのがよい。水は西から東に流れるようにするとよい。

鶏舎

自然養鶏の鶏舎は、飼育方法と密接な関係にあるので、正式な図面通りに建てるのが望ましい。鶏舎の利点としては、夏になればなるほど、屋根の下の空気が熱せられ、軽くなった空気が天窓から上昇していく。すると側面の窓から外の空気が入ってくる。

こうして鶏舎内に対流が起きるので、常に換気されている。ちょうど鶏の背の高さの位置に外からの涼しい風が通るように設計されているので、夏でも過ごしやすい。天窓を通して床面には年間を通して、隅々まで直射日光が当たるようになっている。

また、育雛《いくすう》箱や部屋のなかは常に、熱帯、温帯、寒帯の環境がつくられ、鶏たちがその日の体調に合ったところで自由に生活できる。この風通しや直射日光などの環境は、自然養鶏のなかで最も大切な床づくり、すなわち、土着微生物を活かした発酵土床にとっても、理想の環境なのである。

鶏の生活環境

鶏は、体温の高い生き物なので暑さに弱く、寒さにはある程度耐えられる。したがって、その調整がとれる鶏舎構造が必要である。強度的にも暴風雨や吹雪などにも対応できることが必要だ。

また、鶏の内臓を含めた健康に大きくかかわる床づくり（土づくり、地力づくり）をしっかりすることが重要だ。野山の薬草、山野草などが育つ環境に、いかに近づけられるかがポイントになる。そのことが自然農業の手づくり資材を効果的に活用するうえで、鶏の健康に大きくかかわってくる。

何を用意すればよいのか

この養鶏は稲作と深い関係にあり、もみ殻、稲わら、コウジ、クズ米、玄米などは欠かすことのできない資材である。米を栽培していない人は、近所の稲作農家の協力を得て、秋のうちに集めておく必要がある。

雛入れ前に揃える物としては、稲わら（一部屋当たり一〇〇kgくらい）、玄米（一部屋当たり一〇kgくらい）、春の（三月頃）雛入れであれば踏み込みの温床をつくるための乾いた鶏糞（一部屋当たり一〇〇ℓくらいと稲わら五〇kgくらい）が必要である。

手づくり資材として、天恵緑汁、漢方栄養剤、アミノ酸、乳酸菌、水溶性カルシウム、土着微生物３番か４番などを、前もってつくっておくとよい。

飼育法

雛入れは八月と三月を基本とする。季節的に厳しいときをあえて選んで、夏は暑さに負けないように、春には予冷処理（育雛箱に入れる前に一時間くらい外に置く）をしてから部屋に入れる。

雛入れのときから潜在能力を引き出し、環境適応能力を身につけさせ、新陳代謝を活発にし、免疫力を高めていくためだ。春の温床も、雛入れ五日後には熱はなく、雛たちの群れの体温で乗りきるのである。

対流がおきることで自然に換気ができるように工夫された鶏舎

太陽光線が鶏舎内の隅々まで入る天窓構造

雛のときから、堅い笹を食べさせる習慣をつける（群馬県・子持自然恵農場）

孵化場から連れてきて、最初に口にするのは玄米と水。緑餌は長ネギを与えて免疫力をつけ、その後は笹の葉か竹の葉を刻んでやる。日齢四〇日までは不断給餌で、その後は制限給餌になる。

一回満腹・一回空腹の給餌のため、餌やりは一日一回だけ、日没二時間前に与え終え、翌日一一時になくなる量にする。緑餌は野草がよく、餌の量の三〇％くらい与える。

餌は生育ステージに合わせて、配合比率を変える。年間を通して産卵率を六〇～六五％になるように、春先の産卵率の上昇はもみ殻を増やし、タンパク質を減らすことで抑え、真夏や真冬の産卵率の低下に対しては、タンパク質分の量を増やすなどして調節する。年間を通して産卵率を一定に保つことで、育雛期間も含めて三年間産ませることができる。

現在、一般におこなわれている飼養法では、夜間の点灯や餌で産卵率をいっぱいに引き上げて、最後は強制換羽で延長させて、一年から一年半で廃鶏にしてしまう。これでは、鶏がかわいそうである。

販売法

趙漢珪先生の自然農業は見せる農業でもある。パネル展示室や資材倉庫、餌倉庫、畑や鶏舎を見学できるようにし、鶏と自分の幸せな生活を話すことで、長期にわたるファンづくりの最大の営業活動ができる。

自然養豚への手引き

糞尿は発酵床で処理

自然養豚のいちばんの特徴は土着微生物を活かした発酵床である。豚舎というと臭いのが当たりまえとなっているが、自然養豚舎はにおわない。養豚経営では、この糞尿処理がコスト面においても大きなウエイトを占めている。建設費の半分は処理施設にかかり、電気代や修理代などランニングコストもばかにならない。家畜排泄物法が施行され、小規模の農家養豚においても従来の「野積み」は禁止され、畜産農家にとっても環境に対する責任は大きくなった。餌代の高騰なども後押しし、養豚をやめていく農家が増えているのも残念である。

自然養豚では、糞尿は豚房で処理され、外には出さない。環境保全型としてはこれほどすばらしいものはないのではないかと思う。自然農業では糞尿は処理の対象ではなく「宝」だ。従来のおがクズ豚舎は糞尿を滲《し》みこませて限度がきたら全部掻き出して、また新しいおがクズを投入するオールイン・オールアウト方式だ。しかし自然養豚では掻き出さない。古くなった床の方がかえってよい発酵床となっている。糠みそ漬けと同じ原理だ。

豚舎は九〇～一〇〇㎝掘り下げる。敷地の条件により、半分掘り下げ、半分床を上げるところもあるが、発酵床自体の深さは一m必要だ。実際に発酵して土のようになっている部分は表面から四〇～五〇㎝しかない。掘り返して見るとまっさらのおがクズが出てくる。しかし、この下の部分が空気を含んで存在していることで、よい発酵を保つ役割をしている。また、突然大雨が降り込んだときなどにも対処できる余裕の部分でもあり、重要だ。おがクズの入手が困難な場合は、間伐材や剪定枝のチップを混合してもよい。下部には椎茸《しいたけ》の廃木などを敷いて上げ底にしてもよい。

床材はおがクズ一〇に対して地域の土と土着微生物3番を混合したものを一の割合で入れる。それに自然塩を〇・三％加える。これがおがクズの分解をすすめ、自然塩に含まれる豊富なミネラルが微生物を活性化する。精製塩では大事なミネラルがほとんどないのでよくない。

材料はおがクズがいちばんよいが、木の皮や剪定枝などをチップにしたものなどを混合してもよい。

こうして準備した床に豚が糞尿をすると発酵がはじまる。餌である有機物と水分が加わったからだ。発酵がはじまると温度が上がるので微生物はますます繁殖する。豚が動き回ったり、ほじくり返したりするので、自然に切り返されて酸素が補給される。微生物は環境で育つので、人間は微生物が好む環境を整えてやればいい。

豚は発酵床を食べるので豚の腸内でも多様な土着微生物群が働くようになる。豊かな腸内微生物が胃腸を丈夫にし、健康な豚にしてくれる。熊本の山下守さんは餌のなかに土着微生物の元種を一％入れている。鹿児島の高原篤志さんは土着微生物４番を餌に二〇％入れている。

自然農業では子豚のときから胃腸を丈夫にする育て方をするので、多様な腸内微生物群も働き、消化、吸収がよい。そこで豚から出てくるふんもにおいがしない。手でつかんで鼻の近くまでもっていっても臭くない。土着微生物のパワーのすごさである。普通の養豚場では考えられないことである。

分娩豚舎

分娩舎は肥育豚舎の半分の面積で、床は子豚が圧死しないようにコンクリートが打ってある。床には前述の発酵床の土と三和土《さんわど》（地域の土と消石灰と自然塩を混合したもの）を五～一〇cmほど敷き詰める。壁から三〇cmくらい離れた所に圧死防止柵を設置する。子豚の寝床は生まれて一週間だけ電球をともして暖めるが、それ以降は加温しない。小さいうちから発酵床に慣れさせ、母豚が食べる餌や青草を一緒に食べるので、内臓が丈夫になる。

三和土を食べることで、産前産後の母豚にとても大事なミネラルや鉄分の補給になる。もちろん子豚にとってもよい。

自然の理を活用した豚舎

人間でも同じだが、豚にとって太陽光線と常に新鮮な空気が供給されることは健康な体をつくる基本である。自然養豚舎は自然の理《ことわり》を活用した、豚にとってストレスのない、非常に快適な場所になっている。特徴をあげると以下のようになる。

豚舎の立地条件

自然養豚の豚舎は飼育法と立地条件が複合的にかかわっているので、どこに建てるかが重要だ。東西に豚房が並ぶように建て、南側、東側は山や大きな木がないところがよい。どうしても西日がさす場合は、木を植えるなどして対処する。豚房は南北が開放型になっており、太陽光線が夏は浅く、冬は奥まで深くさしこむ。

屋根には縦方向と横方向に天窓がついていて、東西に端から端まで開いている。部分的な小さな天窓では換気は十分ではない。そういう天窓のところでは換気扇も併用しているのがほとんどである。

自然養豚舎は自然に対流が起きる仕組みになっているので電気代もかからない。まず、屋根にトタン板を使用している。トタン板は熱せられてすぐ熱くなる。すると屋根の下の空気が熱せられて軽くなり、天窓から抜け出ていく。すると南北の側窓から、外の新鮮な空気が引っ張られて入ってくる。その繰り返しで、室内は常に対流が起きる。したがって豚舎のなかが常に換気されるわけだ。真夏の日中、外気温が30℃を超えるときでも舎内は三~四℃低く、過ごしやすい。

天窓は換気だけでない。豚房のなかは、天窓からの日ざしが当たる場所と当たらない場所ができる。豚は自分の体調に合わせて好きな場所で過ごすことができる。ここでも陰陽の比が三：七になっているので、豚だけでなく、発酵床をつくってくれる微生物の棲息にとっても理想的な環境になっている。

山形県の志藤正一さんは、雪の多い地域なので、屋根の角度を少し急にして、屋根に雪が積もらないように工夫している。また、冬場は「下から雪が降ってくる」といわれているくらい、地吹雪がひどい日があるので、天窓やカーテンの調節に気をつけて、なかに雪が吹き込まないように気をつけている。

北側が通路になっており、餌箱が設置されている。水飲み場は反対の南側である。餌を食べては水を飲みにいく、また餌を食べにいく、というふうに自然に往復運動をするよう

対流がおきることで自然に換気ができるように工夫された豚舎

太陽光線、新鮮な空気と水、自由に運動できる豚房。自然養豚の豚はストレスがない

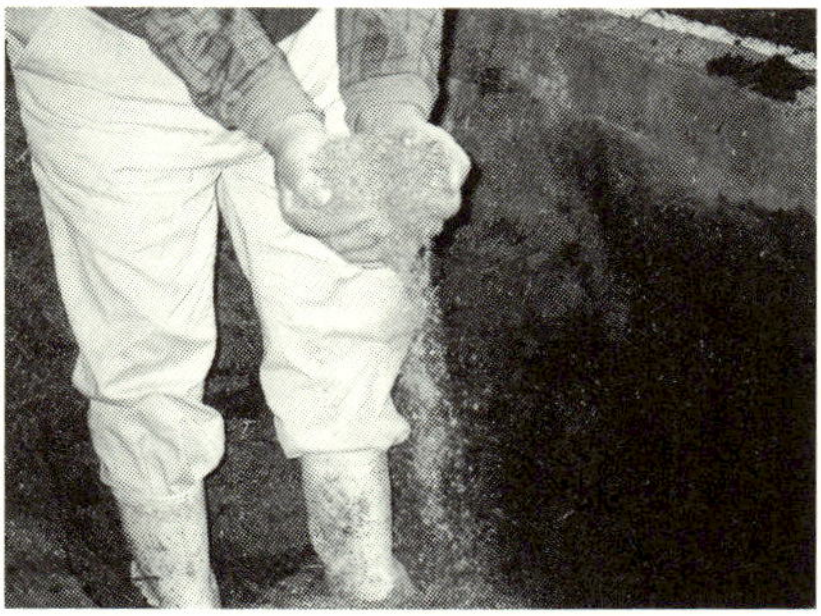
土着微生物による発酵床の働きで、糞尿はすべて処理される（熊本県・山下守さん）

に設置している。そうすると大体、水飲み場の近くがトイレになる。南側のトイレに朝一番の太陽光線がさすので、消毒もされるし、乾燥を促すことにもなる。

発酵床の管理

自然養豚においては発酵床の管理が重要だ。この管理がうまくいっていれば豚は健康で、ストレスもなく、正常な成長をする。しかし、この管理がうまくいかないと、豚の病気の原因になってしまう。

最初はトイレ部分の湿気が多く、北側は乾燥し過ぎるぐらいの状態で、真ん中あたりが丁度よい状態、というふうに発酵状態にバラつきがある。これが段々全体的に安定した状態になっていく。夏場はほとんど手を加える必要はないが、冬場は床の管理をしなければならない。とくに雨や雪の多い地域では、常に床の状態を観察して、スコップで切り返してやる。規模の大きい豚舎では、柵が全開できるようにしておき、小型のパワーショベルで作業している。

床の状態が悪い場合は、表面だけ外に出し、土着微生物4番を加えて積んでおき、発酵させてから豚舎に戻すとよい。

一豚房は通路を入れて九坪である。肥育豚舎では、ここに約二〇頭飼養する。一頭当たりの占有面積は一～一・五㎡は必要だ。最後の出荷まで移動はさせない。したがって、子豚のときは広々とした豚房のなかで走り回り、足腰が鍛錬されて、しっかりとした豚になる。出荷前くらいになると、あまり動けなくなるが、これで肉が仕上がる。

慣れないうちは一六〜一八頭くらいからはじめたほうがよい。発酵床の処理能力を超えると汚くなってしまうからだ。床が整ってきて、技術的にも慣れた人は二五頭くらい入れている人もいる。

内臓の鍛錬

自然養豚では内臓づくりに力を注いでいる。すなわち、どんなものを食べても消化、吸収できる丈夫な内臓づくりに努めている。それが健康でおいしい肉づくりの基本だからである。作物でいえば、根にあたるのが豚では胃腸になる。肥料は何をどれだけやったかが重要なのではなく、何をどれだけ吸収できたかが大事だ。自然農業では、根に肥料をやるのではなく、肥料のあるところへ根が伸びていき、みずから吸収していくようにする。

同じように、養豚においても不断給餌ではなく、「一回空腹・一回満腹」の考え方にのっとり、制限給餌をおこなっている。つまり、餌は一日一回、日が沈む前までに給餌しおわるようにする。夜は水を切る。

餌も消化、吸収しやすい濃厚飼料でなく、比較的消化しにくい粗飼料を給与する。これらは、豚房のなかを自由に運動できる環境が前提となっている。

また、子豚のうちから青草を食べる習慣をつけ、ミネラル補給と繊維質摂取をおこなう。また、青草だけでなく、ニンニクやタマネギ、ネギも胃腸を鍛えるにはよい。畑から出た副産物もしっかり食べさせる。出荷できない野菜などはりっぱな餌である。子豚のうちから食べさせないと習慣にならない。

一般の養豚場では、床が汚いので青草を上から投げ込むことはできない。青草をやっても汚れるので豚は食べない。サラサラの発酵床だからこそできる給餌形態である。

青草は餌の三〇％は給与したい。現在の配合飼料にはミネラルや繊維質が少ない。それを補うのは青草の給与しかない。できれば豚舎のまわりに青草を植えて、量を確保したい。ダイコンは豚には最高の餌になる。単位面積当たり収量はダイコンが最高である。たくさんつくって、あとは切り干し大根にして保管してもいい。自然農業式ハウスが一つあれば機械がなくても乾燥は簡単にできる。麦や米も牧草と考えて栽培してもよい。冬にはライ麦、春にはレンゲなど、一年を通して青草を確保する。冬場に青草の確保がむずかしければ、夏の間にサイレージ（牧草などの貯蔵飼料）を準備する。

自然農業では餌箱と給水器が南北に分かれていて、往復運動をさせることは前に述べた。これは水と餌を同時に食べるウェットは、胃腸に流し込むようなもので、よくないという考えに基づいている。人間も毎日おかゆを食べていたらお腹が弱くなるのではないだろうか。

餌を八〇％自給することを目標に

現在の畜産（他部門の農業もそうだが）をよりよくするための課題は、一般的には以下の四点ではないだろうか。

①生産費を下げる、②労働力を減らす、③生産量を増やす、④品質を高める

これらの課題を解決するためには企業型畜産から農家型畜産に変えていかなければならない。企業型畜産では施設費がかかる。人件費がかかる。従業員の労働では、時間がくれば退勤するので家畜に対して手が行き届かない。家畜から出る糞尿は公害物質になって排出される。

いま、必要なのは発想の転換である。自然農業では農家型畜産をめざしている。農家型管理をして、仲間で販売を協同しておこない、経営は企業的におこなう。そして実質、農家の純利益を上げることである。

現在の畜産における問題点のうち、糞尿処理や悪臭の問題は、自然農業では自然の理と土着微生物を活用した発酵床で解決している。同じくこれらの豚舎環境と飼養管理法で病気もほとんどなく、健康でストレスのない豚の飼育が可能である。肉質も非常によい。

あとは飼料の問題である。飼料代が売上の五〇％を超えるような経営はやめたほうがよい。どんなに餌代が上がっても経営に差し支えないように、できるだけ自給飼料を確保しなければならない。食品工場から出る残滓の活用も考えてほしい。みそや醤油工場、豆腐屋など、近くに活かせるものはないだろうか。これらを餌にするには、保管場所、水分調整、運搬の時間と労働力、さまざまな条件をクリアしなければならないが、最近では機械を使う方法もあるので、経営のなかで検討してほしい。

また、土飼料を二五～三〇％餌に入れても豚の成長に差し支えない。土飼料とは、土着微生物4番に乳酸菌、酵母、天恵緑汁、リン酸カルシウムを混合して発酵させたものである。キノコの廃培地などが手に入るなら、これも混合する。

土には微生物と微量要素がたっぷり入っている。これから畜産をはじめる人は、少なくとも三〇年は借りられる土地として山と山の谷間の畑を確保してほしい。枯れ葉を集めて一年置けば餌になる。できれば広葉樹がよいが針葉樹も広葉樹と混ぜればよい。それに土と海水（一：二〇）を混合し、餌にする。

竹林や白樺の木の腐葉土にはよい微生物がある。大いに活用してほしい。

また、分娩豚舎の項で述べた三和土（赤土一〇：消石灰一＋全体の〇・三％塩）は、とても大事である。消石灰は生《なま》石灰に水を入れてつくったもののほうがにおいも少なく粒子が細かくてよい。微量要素の補給に最適だ。これは別の器に入れてやるようにする。

栄養週期理論～作物の生育段階のとらえ方～

自然農業の大きな特徴の一つである栄養週期（周期）理論による植物の生育段階のとらえ方について解説しよう。植物の生長（成長）発育は、時間とともに一定の方向に変化し発展する。質的変化に従い、いろいろな段階を経て発育し、生殖に至り、終わりを結ぶ（大井上康著『新栽培技術の理論体系』による）。

作物では胚植物、実生、幼苗、壮苗、開花、結実、成熟などがある。最初は、量的生長である栄養生長期である。人間でいえば生まれてから中学生くらいまでだろうか。消費ばかりするので消費生長とも呼ばれる。根から吸ったチッ素と、葉による光合成でできた炭水化物が合成してタンパク質を合成して、枝葉を生産する。大井上先生はそのことを「セメント工場がセメントを生産して、そのセメントで次の工場をつくり、またそこで生産されたセメントで次の工場をつくっていくようなもの」と表現している。そういう意味で「消費と生産という矛盾を抱えている状態」とも表現している。

そして栄養生長期の終わりには、生殖器官の生成がはじまり、花器が完成して、質的生長が起こって生殖生長期に入っていく。この栄養生長期から生殖生長期に移行していく過渡期を、交代期と名づけ、重要視している。人間も子どもからいきなり大人になるのではなく、思春期といったものがある。だんだん自分の考えをもつようになり、お小遣い稼ぎにアルバイトをはじめたりするが、まだ子どもっぽさも残っており、親元を離れるほどではない、といった時期である。子どもの体の中に大人の芽生えがはじまるといってもよいだろう。

この植物の内部における質的な変化を正しく判断し、導いていくところに栽培技術が重要になってくる。

交代期がはじまる目安は、ホウレンソウなど葉物類は葉が二～三枚出たとき、ハクサイやダイコンなどは葉が最初立って、次に寝て、次にまた立ったときである。トマトやキュウリなどの果菜類は、一番花が咲いたときで、以後三節ごとに交代期処理をする。

そこでは、次のようなことが起こっている。

植物の生長には、栄養生長と生殖生長という二つの大きな段階がある。栄養生長は、新しい個体（組織、器官）の発生からその成熟までである。生殖生長は、花の発生から胚《はい》（子実と果実）の成熟までである。

栄養生長から生殖生長への転化は、栄養生長から生産される物質（主として炭水化物＝C）の増大によって準備され、ある限界を超えると生殖生長が支配的になる。これらは連続的に起き、この前生長から後生長への過渡期を交代期という。

生理学的には、栄養生長はC（炭水化物）が根から吸収されたn（チッ素）と結びついてタンパク質をつくり、このタンパク質が生長の直接的な資材になるので、消費を主にする消費生長となる。生殖生長は、Cそのままを子実や果実、そのほかの貯蔵器官に貯蔵する段階（貯蓄生長）と見ることができる。

作物の生育は、その一生においても一サイクルにおいても同一ではない。作物は段階的生育に特質があり、栄養状態も変化が生じる。このとき、生理的にも質的にも異なり、栄養素の種類も要求量も異なる。

栄養週期理論は、作物それぞれの生育段階で要求される栄養と生理条件を着実に定め、発育診断によって、最適の状態に導いていこうとするものである。それにより作物の発育生理と一定の週期性（段階性）にふさわしい環境造成と栄養管理をおこなう。

栄養週期にもとづいた稲作の実際

では、自然農業の栄養週期にもとづいた稲作に、どのように取り組んだらよいのかということについて、具体的に見てみよう。

土壌基盤造成

レンゲなど緑肥栽培をおこなう。ただし、田の条件によってはチッ素過多になる場合もあるので、その場合は、全面に種をまかず、縞《しま》状にまくなどの調節をする。土着微生物4番または5番を散布する。これも田んぼの条件によって、量を調節する。浅く耕して、稲のもつ機能を発揮させるようにする。

種子処理および消毒

脱芒《だつぼう》作業の後、塩水選。塩水選は強めにおこない、しっかりと充実した種子を選別する。次に種子消毒は温湯消毒でおこなう。温湯消毒は容器に六〇～七〇℃のお湯を用意し、種もみを七～一〇分浸けて引き上げる。種もみの量が多い場合は、お湯の温度がすぐ下がるので、別に熱湯を用意し、温度計を見ながら調節をするとよい。

次に自然農業の種子処理液に一二時間浸ける。引き上げて、乾燥させた後、播種する。自然農業では人為的な芽出しはしない。

育苗

ポット育苗をすすめているが、マット育苗もおこなわれている。

播種量は、ポット育苗の場合、一・五〜一・八kg／反とし、密植は避ける。

床土は腐葉土、落ち葉などを寝かせたものに土着微生物4番を入れて発酵させた土などを使用。

種の胚乳成分で発芽、発根させるのが健康の基本と考えているので、発芽前に肥料は入れない。

発芽後に出てくる強い根群は、豊富に貯蔵された胚乳の養分を使用して育ったものほど優秀だということが、生態学的な研究で明確にされたそうだ。その研究結果によると、それだけでなく、地下部である根の発達とともに、地上部である節や葉の発達をよくし、地下部と地上部のバランスを保つことにも役立っているという。この「経歴性」は重要で、のちの根の張り方、収量の違いなどに歴然として差がつく。

水は必要だが、やり過ぎないことがポイントだ。この時期にやり過ぎると、一生水を欲しがる性質の稲になってしまい、草丈だけが大きな稲に育つ。

育苗期間中、二〜三回、種苗処理液を散布する。

育苗期間は、ポット育苗の場合、四〇日程度で、本葉四・五〜五葉、分けつは一本を目安にする。

育苗をハウスでおこなう場合は、保温だけを考えず、換気に努める。苗の発育にとって、新鮮な酸素の供給は重要だ。

田植え

田植え三日前、苗箱を回す。移植後の、根の給水能力を上げるために水を切る。

田植え一日前、日没二〜三時間前に種苗処理液を散布。移植後の発根能力を上げるために、根を切る。

代掻きは浅くおこなう。回転数は高速で、運転速度はゆっくりとおこなう。

栽植密度は四五株〜六〇株／坪とし、密植をしない。粗植栽培をおこなうことで、風通しをよくして病虫害を防ぎ、稲の分けつを促し、健康な生育を保つことができる。

除草管理

自然農業では除草剤を使用しない。アイガモ、ジャンボタニシ、ドジョウ、コイ、米糠散布などによる除草をおこなっている会員農家もいる。

機械除草や手除草もあるが、二回代掻きによってトロトロ層を形成する方法（九州など南部で多い）や、冬期湛水不耕起栽培による方法（東北地方で多い）もある。気候や田の条件などに合わせて、ふさわしい除草法を選んでほしい。また、これらの方法を組み合わせておこなえば、より確実だ。

除草方法によって、育苗や水管理、肥料のやり方が変わってくることに注意しなければならない。

たとえばヒエは田植え後初期に深水にすることで防げる。そのためには、本葉が二・五葉の稚苗ではむずかしい。また、深水に耐える畦《あぜ》づくりが前提だ。また、アイガモ農法ではチッ素過多にならないよう、羽数を多過ぎないよう気をつけ、肥料の配合も変えなければならない。

いずれにしても、どんな米づくりをめざすのか、販売方法、労働力なども含めて見定め、除草法を選んでほしい。

水管理

水管理のポイントを列挙しておこう。

- ●本田に田植え後初期：一五cm程度の深水灌漑
- ●出穂前三〇〜四〇日：田の土壌の状態により五〜一〇日間中間落水
- ●出穂前三〇日〜出穂期（穂ばらみ期―出穂期）：間断灌水
- ●出穂期：受粉促進のため普通の水位
- ●登熟期（出穂後三〇〜四〇日）：天水、および間断灌水

水稲作の栄養週期表

従属生長（史的養分）	栄養生長期				交代期（養分の交差）			生殖生長期				
	発芽	幼苗（離乳期）	壮苗	成苗（定植）	初期（穂首分化期）	中期	末期（出穂期）	開花期	胚生長期	胚成熟期	母体枯死期	来年の種子
月／日	4/15			5/25	7/15		8/25~30	8/30	9/15	9/30	10/30	
栄養型の転調	Ⅳ	Ⅲ～Ⅱ	Ⅱ	Ⅱ～Ⅲ	Ⅱ	Ⅱ～Ⅲ	Ⅲ	Ⅲ	Ⅱ～Ⅲ	Ⅳ	Ⅳ	
生長型	消費生長				補填生長			蓄積生長				
栄養分の必要	N—多、P—少、K—少、Ca—少				N—少、P—多、K—中、Ca—中			N—少、P—中、K—中、Ca—多				

栄養型（Ⅰ～Ⅳ）について

	特　徴	N	C	水	$\frac{C}{N}$値
Ⅰ型発育	栄養生長、生殖生長等を否定するほど水分、Nが多。炭水化物（C）が不十分等、栄養生長も弱く、花芽分化もしない	多	少	多	低
Ⅱ型発育	水分とN供給が多く、C生成も十分。栄養生長は旺盛だが花芽形成不良で開花しても結実しない	中多	中少	中多	中低
Ⅲ型発育	水分とN供給は多少少なくなり、C生成はⅡ型より弱いが、花芽形成は旺盛で結実良好	中少	中多	中少	中高
Ⅳ型発育	水分とNが少なくなり、栄養生長は微弱。開花もあまりせず、また結実もしない	少	多	少	高

①$\frac{C}{N}$はそのステージで必要なNに対して必要なCの最適量を表わすもの。$\frac{C}{N}$値が高いと生殖生長になりやすい

②開花受精が終わると生気が出て体力回復のため吸肥力が強くなり、登熟期（胚成熟期栄養型Ⅱ～Ⅲ型）に入っていきながら、また葉色は復活して濃くなる

③原出典『新栽培技術の理論体系』（大井上康著）、出典『土着微生物を活かす』（趙漢珪著）をもとに加工作成

●完全落水：出穂後三五～四〇日

自然農業資材散布

散布回数：作物の生長型により三～四回葉面散布。

生長型の栄養週期区分

●栄養生長期：茎葉と根圏部形成期
●交代期：栄養生長から生殖生長に生育相が転換する花芽分化期
●生殖生長期：種子が生成され発達する時期
●登熟期：種子が結実する時期

栽植密度は45～60株/坪とし、密植をさける。病虫害に負けない太い茎にする

左は自然農業のイネ。右は慣行栽培のもの。根の発達が違う

肥培管理

本田における朝食（元肥）はきわめて軽くし、追肥としての昼食（出穂およそ四五日前）は作況を見ながらたっぷり、夕食（出穂後）はおいしく（カルシウムを多めに）が基本。

自然農業の床土づくりと苗づくり

床土づくりのポイント

自然農業による作物の肥培管理について説明しよう。

作物選定は、地域の条件と土壌、気候などを考慮して作物を選定する。選択した作物の種子に対して、種子基盤造成液の処理をおこない、作物の能力を最大限発揮することができるように基盤を準備する。

自然農業では、苗の床土を自家製造し使用するのを原則とする。床土をつくり活用すれば、市販のものに比べ、費用を三分の一に節約することができる。市販の床土は種を播種した後二〇～二三日以内に植えないと根が死んでしまうが、自家製造の床土は四〇～五〇日たって植えても問題は発生しない。さらに、苗箱での葉数も多く確保することができ、健康な苗の生育を見ることができる。

自然農業の床土のつくり方は、土着微生物4番（元種に土を混合して発酵させたもの）に、ニンジン酵素土と、赤土（チッ素固定菌が含まれている赤土）、砂、炭を混ぜる。

チッ素固定菌が含まれている赤土のつくり方であるが、まずは、赤土に切ったヨモギを混ぜて露地に山のように積み、山盛りの土の上に土着微生物3番（元種）を振りまく。それに、漢方栄養剤や天恵緑汁の搾りカスなどを振りまいて、その上から種子処理液をたっぷりまく。

さらに、ミミズが多いところの土を床土の上に振りまく（ミミズの接種）。大豆の枝、ゴマの枝、稲わらなどで表面を覆い、大豆を植える（チッ素固定菌接種）。こうして一年間露地に放置すると、土着微生物とミミズによって、土壌は、まったく違う状態になり沃土になる。大豆によるチッ素固定菌の働きも期待できる。

春に、床土の山の上層部から、ぽそぽそになった部分を、約一五cm程度の深さでかき集め、取り出した土をふるいにかける。それと同じ量のもみ殻燻炭《くんたん》を混ぜて床土を完成させる。残った山の上に、この作業を毎年繰り返し、かき出して使用する。

こうしてつくった床土は、一〇年くらい使用できる。

ポットの使用方法であるが、ポットは紙ポット、または白ビニールポットを準備する。なかに稲の切り株で底を埋め、その上に準備した床土を入れる。

ポットは、かならず土壌の上に設置し、ポットと土の間に空間をつくるために二・五〜三cmのパイプを敷いてやる。または、パイプと炭を一緒に敷いてもよい。このとき、土壌にはかならず土壌基盤造成をしておく。

植えつける三日前、苗箱の下に生えた根を切っておく。根が弱い場合には、温度を低めにして、チッ素少、リン多、カルシウム多に持っていくようにする。気温が低くなったらカリウムを施肥し、畑に稲わらを敷いて地温を高めるようにする。炭を入れるのは土を単粒構造から団粒構造に変化させ、土壌内の保肥性、保水性、保温性を高めるためである。

肥料が多すぎると（チッ素過多）コケが発生し、嫌気性微生物が活動する。このような場合には、稲わらと土着微生物４番を施肥し、呼吸できるようにしてやらなければならない。

畑の準備

自然農業では不耕起で畝をつくる。耕耘をしてつくる従来の畝づくりとは違い、不耕起の土壌に溝を掘って畝をつくる。

マルチは、稲わらまたは枯れ葉や腐葉土を利用する。稲わらは三㎝の長さに切って、一㎝の高さに敷けば塩基障害を解決できる（稲わら＋土着微生物４番＋自然農業資材）。または、カボチャなどは麦などを植えて切り倒し、敷きわらとマルチ効果を出す方法もある。

果樹栽培においては、草生栽培を実施する。根が一・五ｍにもなるライ麦は、畑の開拓者である。根が下へ伸びるとともに微生物も下へ下がっていき、分解活動によって周辺の土が豊かになる。

ビニールマルチをする場合は、かならず白ビニールを使用し、紫外線が通るようにする。昼間の高い温度を保ち、根の活力を強くするためである。また、畝の上に小枝を敷いて空間をつくり、稲わらを敷いてからビニールマルチで覆うようにする。

この場合、土壌基盤造成はかならずおこない、ビニールがかかった溝の部分は土で完全に抑えてしまわず、いくぶんパタパタする状態にして、ところどころ土で抑えてビニールが飛ばないようにすることが重要だ。とくに、黒マルチは紫外線を通さないので根の活力が弱る。

ビニールマルチは昼間温度を上げても、夜間湿気を伴ったまま、急激に温度を下げてしまうので、なるべく避けたいが、どうしても初期成育の温度保持に必要という場合は、し

畑は有機物でマルチをする。刈った草で覆われた柑橘園（熊本県水俣市）

初期の生長を確保する場合は黒マルチを使用。保温と抑草を兼ねる（千葉県横芝光町）

有機物マルチは微生物の棲みかを提供し、水分の蒸発を抑える（千葉県横芝光町）

かたがないので、気温が上がる季節になったら、剝がして稲わらのマルチに替えるなどする。

全面マルチは避け、根の呼吸を確保するように気をつけなければならない。

種苗の処理と苗の植えつけ

自然農業では、定植する前日の午後に種苗処理に準じて処理する。この処理ができなかった場合は定植する日に五分ほど、処理液に浸けてから定植する。

定植する畑は、定植一週間前に土着微生物４番をはじめとする土壌基盤造成をおこない、準備しておく。連作障害がひどい畑の場合は、この処理を二回ほどおこなっておく。たとえば、定植二週間前に土づくりと土壌基盤造成処方をおこない、一週間前にもう一度土壌基盤造成処方をおこなったあと、定植する。

苗は掘って植えない。掘って植えると基部がふさがれ、呼吸ができなくなるためである。また、根が伸びようとする力を引き出すためでもある。ほとんど苗を置くだけにし、その後、土を寄せて、手で押さえてやる。手で苗を持ってゆり動かしてやる。こうすると根張りがよくなる。

それから種苗処理液を根元周辺にかけてやる。このとき、気をつけなければならないのは、葉に液がかからないようにすることだ。葉にかかると気化熱が生じて葉が乾きやすくなる。

土づくりの取り組み

土壌基盤造成は、たとえていえば土壌の羊水をきれいにするための作業である。まずは、果樹栽培においては草生栽培である。ライ麦は、冬期でもよく育ち、地上部と地下部すべてが有機物で、根が一～一・五mほど深く伸びて酸素を誘導するのにとてもよい。

稲も、夏期の草生栽培用として適しており、播種量は三〇〇坪当たり一八～二〇kgが適当である。二～三ヶ月で五〇～六〇cm育つので、大きくなったら倒して寝かす。

炭を散布して微生物の棲みかを提供することもすすめる。量は、三〇〇坪当たり一五〇kgが適当だが、最初からいっぺんに全部を入れてはいけない。まず、土着微生物4番でボカシ肥料をつくり、ボカシ肥料に炭二〇～三〇kgほど混ぜて、発酵させて入れる。

また、果樹の場合は剪定枝で炭をつくり、その果樹園に入れてやるのがいちばんよい。炭のつくり方は、第2章に詳しく出ているので参照してほしい。ボカシ肥料や、土着微生物4番を使用してもよい。液肥として利用する場合には、水一〇〇ℓに土着微生物4番を八〇g入れて液化する。

ほかに、漢方栄養剤を一〇〇〇倍に薄めて使い、作物に元気をつけたり、玄米酢を五〇〇倍に薄めて使う。これは強酸性だが、土中で中和されるので心配ない。ヨモギ、セリ、タケノコ、その作物のわき芽を使った天恵緑汁も混合する。

麦芽（麦芽糖水）を五〇〇倍に薄めたものは、疫病、葉枯病に非常に効果がある。ミネ

果樹園は草生栽培が基本。ライ麦を植えている柑橘園（熊本県・新田九州男さん）

土着微生物による自家製ボカシ肥料を木の周囲にまく（熊本県・新田九州男さん）

自然への感謝を忘れず、謙虚に。そうすれば作物は豊かな実りで答えてくれる

ラル（真珠水）A液を一〇〇〇倍に薄めたものを混合すると、さらに早く土づくりができる。

大自然のメカニズムのなかで生かされている

自然とは何だろうか。

私たちは太陽の恵みのもと、地球の上で生きている。私たちの体の仕組みは太陽だけでなく、月や海や山や川など大自然と切っても切れないつながりで動いている。どんなに科学文明が発達しても、この自然のなかで生かされていることに変わりはない。

農業も、自然のメカニズムにしたがっておこなうしかない。

ところが「早く育てたい」とか「もっと収量が欲しい」とか人間の欲が出て、作物や家畜にさまざまな干渉をおこなってしまい、バランスが崩れて、かえって病気や虫を呼んでしまっている。そして、欲を出した自分を反省するのではなく、不本意な結果になったことを作物や家畜のせいにして、さらに農薬をまくなどの干渉をすることが多い。

しかし、農業技術を勉強する前に、この大自然のメカニズムがどうなっているのか探求するほうが先ではないだろうか。自然農業は、そのメカニズムに従い、環境と生命を守っていく農業である。

私たちの考え方、取り組み方を「自然農法」とはいわないで、あえて「自然農業」という。なぜなら、「農法」といってしまうとやり方にこだわってしまい、やり方を固定してしまうかもしれないからである。

「法」は、この大自然の大きなメカニズムがあるだけで、農業はその法のなかでおこなうしかない。農「法」を守ることが大事なのではなく、農家が「生業《なりわい》」としてやっていくことが本筋なのだ。

したがって、本書で紹介する自然農業の技術は、先人の知恵と多くの人たちの実践から、このやり方ならいいのではないかと、いま、すすめることのできる技術であって、さらによい方法が研究・開発され、発展することを拒むものではない。自然のメカニズムに従いながら、その地域、国に合った方法を見つければいいのである。

地域の自然を活かす

自然とは何だろうか。自然は人間の作品ではなく、学問や分析的データの結果、生まれたものでもないので、定義を述べるのはむずかしい。

しかし、確実な力は存在するもので、誰（人間）の作品でもなく、太陽と月、星とともに、すべての生命体を育て、治め、運行することによって、大自然のキャンバスに美しい絵を描いている芸術であることにまちがいない。自然は誰のものでもない、ただ存在して、万物を育て、治め、その膨大な資源を与えるだけで見返りも求めず、いつもその大きな胸で包み込んでくれるものだ。しかし、ときには人間界に牙をむくこともある。その自然のなかで、先人の知恵を学び、英知を働かせて、農業を営んでいく。

自然農業では、自然は存在無所有一体、つまり何かのために目的があってあるのではなく、また、所有したりされたりして存在するのではなく、あらわれているものの姿、かたちは違っていても大本は一つのものであるという考えで、三気・二熱・三体・三界によって成り立ち、それらが調和し発酵してなった有機生命体——すなわち農畜産物（物体）を生産するのが農業と定義している。三気とは熱気、水気、空気で、二熱とは天熱、地熱で、三体とは天体、気体、地体で、三界とは動物界、植物界、菌界をさす。

三気を活かす

三気のうち熱気と空気を活かした例としてハウスや畜舎を紹介する。

自然農業のハウスや畜舎は、屋根の棟にそって天窓があり、側面の窓のカーテンを開閉することで、機械を使わず自動的に換気ができる仕組みになっている。

畜舎の場合、屋根はトタン板である。トタン板は熱しやすい。熱くなった屋根の下にある空気も、熱せられる。熱せられた空気は膨張して密度が小さくなり、軽くなる。軽くなった空気は上昇して天窓を抜け、外へ出ていく。

畜舎内の上部の空気が抜けると、ひっぱられて側面の窓の外の空気が入ってくる。その繰り返しで対流が起きる。屋根が熱ければ熱いほど、側面の窓の外の空気との温度差が生じて、対流が起きる仕組みだ。

この仕組みを活用するためには、天窓の幅は一五cmくらいにし、側面の窓のカーテンもあまり開けすぎないことがコツである。すきま風のほうが、勢いがあることはご存じだろう。作物や家畜の体感温度が低くなるのだ。

一般的なビニールハウスやガラス製ハウスは、天窓がないものや、あっても棟にそってすべてが開くのではなく、小さな窓が何ヶ所かついたものが多い。これでは換気は完全ではない。これらは保温だけを主に考え設計されており、換気に対して完全とはいえない。

既存のハウスで、自然農業式の天窓をつくることがむずかしい場合は、直径一〇cmほどの円形の電熱線をつくり、天上部分のビニールに穴を開ければよい。

畜産においても同じである。食べ物は何日か食べなくても生きていくことはできるが、呼吸はできなければ何分かで死んでしまう。そのことを考えれば、生き物にとって呼吸がいかに大切かわかるだろう。新鮮な空気が、肺の健康を守る。換気によってにおいも飛ばしてくれる。

最近の「近代的な畜舎」に、ウィンドウレス豚舎、鶏舎があるが、病気と保温を心配するあまり、窓をなくしてしまい、換気扇とコンピューターによる温度管理をおこなっている。建築費をかけ、電気代をかけ、それで肝心の豚はどうだろうか。うるさい換気扇の音を一日中聞かされ、子豚のときから温度管理されているので免疫力が低下し、病気になりやすくなっている。注射や薬から抜けられないのが現実だ。

三気を活かした自然農業の畜舎で育った鶏や豚は、健康でストレスがなく、ほとんど病気にかからないので、衛生費がかからない。農家にとってなによりもうれしいのは豚が健康にすくすくと育つことだろう。さらに建築費もかからないので農家の味方だ。

水気について、水も天上水、地上水、地下水があると考えている。天上水は雨や雪などで、地上水は川や池の水で、地下水は地中の水分をさす。

水というと灌漑用水の水ばかりを考えがちだが、天上水や地下水も忘れてはいけない。

天上水の活用については、第4章の志藤正一さんの実践報告に詳しく出ているが、冬期の雪解け水を田に張り、トロトロ層（小動物や微生物が土壌を分解してできた水とも土とも判別できないやわらかい層のこと）を形成し、不耕起移植をおこなうことで除草剤を必要としない健康な稲作をおこなっている。

また、肥培管理において、天上水である雨が多い年ではチッ素分を控えめにし、少ない年では、天恵緑汁の散布や炭の活用などで保水に努める。

また、自然農業では、畑や家畜にやる水を、そのまま使用するのではなく、「農業薬水」としてミネラルを多く含む水を自家製造し活用している。仕組みは簡単だ。引いてきて溜めた水をポンプで上げ、細い水口から落とす。下には、麦飯石、花崗岩、黒曜石や、近くの小川から拾って集めたさまざまな石を、ざるに入れて置き、それらの石に水が当たるように設置する。水はなるべく少しずつ落とすようにする。そのほうがかえってミネラルを溶かすのだ。

地下水の利用法として、韓国では冬期の暖房としてハウスに活用している例がある。燃料費の高騰で、次々と施設栽培がやめられていくなか、地下水をくみ上げ、屋根からカーテンのように水をしたたらせる水幕《スマク》（日本では一般にウオーター・カーテンと呼ばれているもの）ハウスである。地下水は冬場でも水温が約一五℃あるので、十分暖かい。このハウスでサンチュなど葉物野菜を生産し、経営に成功していた。ただし、この水幕利用は排水に十分気をつけなければならない。病気を呼ぶ原因になってしまうからである。

自然農業の考え方の根本

◆自然の摂理、メカニズムを重視し、自然との調和（三気＝水気、熱気、空気／二熱＝天熱、地熱など）を追究
◆環境と生命を守り、生産農家が誇りをもてる持続可能な農業の実践
◆土着微生物など身近なところにある地域資源の有効活用
◆栄養週期理論による肥培管理
◆有畜複合経営を推奨し、親愛の情をもっての家畜の飼養
◆省力多収、低コスト、高品質の農畜産物を生産
◆栄養価が高く、生命力あふれる安心・安全な食べ物の供給

二熱を活かす

天熱は太陽光線による熱である。農産物すべてにおいて必要なことはいうまでもない。そのなかで第4章の作本征子さんの実践報告で詳しく紹介しているが、太陽光線利用の抑草法がある。畑の草を細かく切り、枯らす。畦《あぜ》を立てて、その上に土着微生物4番または5番をまき、黒ビニールで覆う。このなかで太陽光線と土着微生物の発酵熱によって草の種は死んでしまう。ハクサイなどの定植のときに、このマルチを剥がして植えつける。このあとのマルチは稲わらや枯れ葉などの有機物マルチがよい。作物が育つと葉っぱで光線が遮られる。その後、下から芽を出した草も邪魔になるほど大きくは育たない。

地熱は大事である。地温を一℃上げれば、気温を二〜三℃上げたことと同じ効果がある。自然農業では土着微生物の活用により、冬場でも地温を上げる

ことができる。むしろ、上からの保温より地中からの保温のほうが根の活動を無理なく促すことができる。

果樹においては草生栽培をおこない、畑作も作物のまわりを稲わらや枯れ葉など有機物でマルチをし、下には土着微生物4番を散布しておく。微生物や小動物の豊かな土は霜柱が立たない。ハウスにおいては暖房費の節約になる。

また、畜産においても地熱は重要である。たとえば、自然農業の豚舎は床が発酵床になっているので、冬でも暖かい。開放型の豚舎なので、冷たい風が吹き込むが、床はホカホカだ。

豚はおなかさえ暖かければ、なんともない。天然の床暖房である。中国吉林省では、冬期には気温が零下三五℃にもなる。しかし自然豚舎の豚は発酵床にもぐって暖かく過ごしている。土着微生物を活かした発酵床については、畜産の項目で詳しく述べる。

地熱については、冬場の温度を上げることだけでなく、夏場の温度を下げることも重要である。熊本県の新田九州男さんは、自然農業に取り組んで一六年である。柑橘《かんきつ》栽培をおこなっているが、果樹園はすべて草生栽培を実施している。

草が表面を覆っていると、夏場の地温を下げる働きがある。どれくらい温度が違うか、新田さんは何度も計ってみた。すると、気温が三六℃くらいある真夏の日中、裸の地面は四八~五〇℃近くにもなっていた。ところが柑橘園の草生栽培をおこなっている草のなかは一六~二八℃くらいにしかなっていなかった。気温より一〇度も低いことになる。

草生栽培は微生物の棲みかをつくって、棲みやすい環境にしているだけでなく、作物の根にも過ごしやすい環境をつくっていることを、あらためて確認したそうである。

発酵の知恵

趙漢珪先生はキムチの汁からヒントを得て、天恵緑汁をつくり出した。子どものころ、キムチの残り汁を畑にやって、野菜がよく育つのを見た記憶があった。キムチは発酵食品で、乳酸菌や酵母菌が豊富だ。そこでキムチの汁を薄めたものに、ガーゼで包んだ種を浸して、まいてみたら、野菜がよく育った。

そこで、昔からいろいろと薬効のあるヨモギを材料に、ミネラルや酵素を多く含んだ黒砂糖で浸け込んでみたら、さらによい結果が出た。こうやって天恵緑汁は開発された。

天恵緑汁については別項で詳しく述べるが、自然農業では天恵緑汁だけでなく、漢方栄養剤、玄米酢、農業用ドブロク、果実酵素、乳酸菌血清等々、農業資材の多くに発酵の知恵が生かされている。土着微生物の活用もすべて発酵の技術の上に成り立っている。

漢方薬も普通は煎じて飲むが、漢方栄養剤は熱を通さず、黒砂糖で発酵させて、焼酎漬けにして液を抽出する。材料に含まれる酵素が熱に弱いからだ。

また、よく「玄米酢と木酢液《もくさくえき》はどう違うのですか」という質問を受けるが、木酢液はアルカリ度が高いので酢といっているだけで、醸造されたものではない。炭をつくる過程で発生した水蒸気を、蒸留して精製したものである。玄米酢は米とコウジと水を発酵させたもので、自然農業ではよく使用される。

発酵によって、力が何十倍、何百倍にもなることは、お酒を考えてみればよくわかるだろう。材料のお米とコウジと水が、発酵することによって酒になると、人を酔わせ、ときには倒してしまうほどの力が出る。

韓国のキムチだけでなく、日本の発酵食品のよさも見直されている。漬け物や梅干し、納豆、みそなど、伝統食には昔の人の知恵が活かされている。漬け物の場合、発酵によって、材料のときよりビタミン類が増えていることが立証されている。発酵食品によって、腸内微生物のバランスがとれ、健康を保つことができる。

土着微生物の培養については別項で詳しく述べるが、注意しなければならないのは発酵と腐敗の違いである。同じ菌の繁殖でも、腐敗の方向へいってしまうと、かえって害になる。腐った食品は食べられないのと同じく、畑も「おなかを壊してしまう」。

よい発酵をしたものは、においもよい。うまくいかなかった場合は臭いにおいがする。この辺の感覚は、経験で習得していくしかない。自然農業が「感の農法」と呼ばれるゆえんである。

生長点を活かす

作物の生長点を活かす

植物で最も細胞分裂が盛んなのは根や茎の生長点（成長点）である。細胞分裂が盛んということは、新陳代謝が活発ということだ。新陳代謝が活発ということは、開拓力が強いということだ。開拓力が強いということは、環境適応能力が強いということだ。

ところが一般的には、この強い時期に潜在能力を引き出す栽培管理ではなく、むしろ弱くする方向にしてしまっている。

たとえば、稲作において、一般的には種もみを水に二〜四日浸ける。種子消毒をする。さらに催芽して鳩胸状態にする。種もみは根が出て芽が出るとき、必要な栄養分をすべてもっている。ところが浸漬《しんせき》することで、それらが水のなかに出ていってしまう。自然農業では浸漬はせず、塩水選、温湯消毒をおこなったあと、種苗処理液に一二時間浸し、播種《はしゅ》する。種がもともともっている力を引き出すのだ。

また、移植についても一般的には深耕・多肥が奨励されてきたが、深く耕してやると、最初は根がスムーズに伸びていいかのように思えるが、耕した下の土は固いので、そこからは伸びにくくなる。さらに元肥としてたっぷり肥料が入っているので、苦労をせずに最初は伸びるが、上げ膳・据え膳で育てられた稲は弱い。病害虫にやられやすく、肥料を吸収する力が弱い。

自然農業では不耕起を推奨しているが、耕すとしても浅く、三〜五㎝くらいにする。元肥はやらない。苗は田植えの前日、水を切っておく。そうすると移植後、勢いよく水を吸うので、根の伸張が早い。したがって活着が早い。その後の生育がスムーズにいく。

「若いときの苦労は買ってでもさせろ」という言葉があるが、まさにそれである。子どもがかわいそう、ということで、わざわざやわらかいものを食べさせる人がいるが、逆である。子どものころから硬いものを噛み砕く習慣をつければ、あごの骨が発達し、歯も丈夫になる。歯が丈夫であれば胃腸も健康だ。

生長点を活かした飼育

畜産においても生長点を活かした飼育をおこなう。たとえば養鶏の場合、孵化場からきた雛が最初に食べる餌は玄米である。肉鶏では一日以上、産卵鶏では三日以上食べさせる。そんなことをしたら雛が死んでしまうと心配する人もいるが、そんなことはない。育雛《いくすう》箱に山盛り準備された玄米を喜んで食べる。雛ののどをさわると玄米の粒がごろごろしている。

わざと水飲み場を離しているので、雛は食べては走って水を飲みにいく。また帰って玄米を食べるというように、自然に運動ができる。ちなみにバタリー式育雛箱では、たとえ玄米を食べさせても十分な運動ができないので消化しにくい。土の上に放し飼いにする育雛箱だからこそできることである。

また、葉っぱのなかでも最も硬いといわれている笹の葉を、刻んで食べさせる。雛のときから青草を食べる習慣をつけるのだ。

このように、なんでも食べて吸収できる丈夫な胃腸を雛のときからつくる。胃腸が丈夫であることは健康の基本である。また、青草や野菜のくずなど周囲にあるものを餌として活用できるので、餌代が節約できる。

このような飼育法は、飼育の途中からはじめてもできない。開拓能力の強い、環境適応性の強い初生雛《しょせいびな》のときからおこなってこそ、できることである。

土の上に設置した育雛箱

ネギを刻んで雛に与える

自然養鶏の鶏は健康（愛媛県・泉精一さん）

生長点のホルモンや生命力を活用

植物の生長点を集めて浸け込む天恵緑汁も、生長点のホルモンや生命力を活かした資材といえる。趙漢珪先生が師と仰ぐ日本の三人の先生の一人、柴田欣志先生は病気をこじらせて、医者から見離されてしまったとき、自殺まで考えて、山のなかにこもったそうだ。

そのとき、神様のお告げなのかどうか、夢のなかに出てきて「朝一番に朝日がさす木の芽を食べなさい」と言われた。そこで、周囲の木の芽を摘んで食べたら、びっくりすることに体がどんどん回復したそうだ。そこから酵素の世界に入っていく。

最初、柴田先生は家業の蒸しパン製造にそれを活用したところ、とてもおいしいパンができて評判になった。そこからだんだん農業の世界に入っていくが、戦後の食糧難の時代だったので、いちばんの目的は食糧増産である。

柴田先生の本を読むと、当時は微生物という概念がなかったので、酵素という言葉であらわしているが、今でいう発酵の世界である。そこに生長点の活用がプラスされて、大きな力を編み出した。

「自他一体」の原理

「私」とは？

農業は自然を相手にする。だから自然について知らなければならない。また、作物や家畜が健康に育つためには、自分は何をしたらよいのか考えなければならない。それらとどう接したらよいのだろうか。自然とは何かを考えるとともに、まず自分とは何か、考えてみよう。

自分とは何かを考えてみると、さまざまな要因でできていることに気づくだろう。何の目的かわからないけれどこの世に生まれてきて、ともかく、現在、この場所に存在していることにまちがいはない。

私たちは食べ物を食べて生きている。別の言い方をすると、私たちの体はこの食べた食べ物でできているともいえる。ここで、その食べ物の代表的な例としてご飯について考えてみよう。

社会的存在としての私

あなたがさっき食べた夕食のご飯についてイメージしてみてほしい。そのご飯はもうすでに胃のなかを通って、消化がはじまっているだろう。そして、いずれ吸収され、エネルギーや肉体を形成することになる。そしてあなたになる。では、そのご飯があなたになるまでに、何人ぐらいの人の手伝いがあっただろうか。

こんなこと考えたことがあるだろうか？

自然農業の基本講習会では、こういうテーマで参加者と一緒に考察していく。参加者からは「五〇人」とか「二〇〇人」とかさまざまな答えが返ってくる。詳しく見てみよう。

お茶碗をもって、はしで口に運んだのは自分だが、その前にはいろいろな人が、かかわっていることに気づくだろう。まず、できたご飯をお茶碗によそった人。そのご飯を炊いた人。その材料のお米を家に運んだ人。そのお米を売っているお米屋さんの店員。そのお米屋さんまで配送したトラックの運転手。さらに卸売り店の人など。

生産されたお米の流通過程について調べただけでも多くの人たちの手伝いがあって、最後に自分の口に入ったことがわかる。

さらに、そのお米の生産過程について調べてみよう。もちろんお米を栽培した農家の人がいる。そのお米の種もみは農業試験所の研究員が品種改良などの研究をして販売がはじまったものである。

種もみがＪＡ（農業協同組合）を通して購入されたものなら、そこの職員もかかわっている。同じく肥料も、研究した人、販売した人など、多くの人を経て入手されている。

さらに田植え機やコンバインについて考えてみよう。

現代の日本においては、これらの耕作機械なしにお米を栽培することはできない。

もちろん、これらの機械も研究や開発、販売した人たちがいるが、これらの機械は燃料である石油がなければ動かせない。石油会社が買いつけて製造、加工したものだ。その工場も従業員が働いて動かしている。

さらに、その石油は中東から大きなタンカーに載せられて運ばれてきた。そのタンカーを動かすためにも多くの人がかかわっている。船員だけでなく、彼らに食事を提供するコックさんもいる。そのタンカーを研究、開発、製造した人たちもいる。

耕作機械は、鉄でできている。原料の鉄鉱石はオーストラリアやブラジルから輸入されている。もみすり機や精米機のことを考えると、電気も必要だ。電力会社の社員もかかわっている。いま、生きている人だけでなく、すでに死んだ人も入れるならば、発明したエジソンも入れなければならない。

もっといえば、宇宙全体の手伝いをもらってできたともいえる。その人たちの研究、開発にそそいだ情熱や愛情があってこそ生まれたものである。

さらに、手伝ったのは人間だけだろうか？

自然の手伝いももらっている。

米一粒のなかには数十億の人の情熱と愛情が含まれている。宇宙万物のエネルギーも含まれている。米一粒は小宇宙と言ってもいいのではないだろうか。

この小宇宙を食べて、「私」の体は成り立っているのである。

そういう意味で、「私」は自分だけの存在ではなく「社会的存在」であるといえる。

歴史的存在としての私

「私」がいま、存在しているということは、父と母の愛情の結晶として生まれたからである。その父と母もそれぞれの両親がいて、生まれた。

それでは、仮に自分から三〇代前まで先祖をさかのぼると、何人の人たちがいたことになるだろうか。一代前で両親の二人。二代前で四人。三代前は掛ける二で八人、というふうに計算してみてほしい。どうだろうか、これも想像以上にたくさんになることに気づくだろう。一〇代前は一〇二四人とそれほどでもないが、二〇代さかのぼると一〇四万八五七六人になる。さらに三〇代までさかのぼると、なんと一〇億七三七四万一八二四人にもなってしまう。

一代を三〇年で計算すると九〇〇年前となるから、鎌倉時代くらいになる。そのころの日本の人口は七〇〇万から八〇〇万人ぐらいだそうだから、これでは人口を超えてしまう。

これは数字のトリックで、先祖は重複しているわけだ。そういう意味で日本人はみな親戚といってもいいだろう。この計算は単純に掛ける二で人数を出したが、これら世代ごとの人数をすべて合計すると、さらに莫大な数になってしまう。それらの先祖のなかの一人でも欠けていると「私」は現在、存在していない。

DNAの塩基配列によって遺伝子情報を調べるまでもなく、はるか昔の先祖から、「私」

はさまざまなものを受け継いで現在、存在している。それは顔や体の特徴だけでなく、感じ方や考え方も受け継いでいる。

同じく、「私」の先には子どもがいて、その先には孫がいる。さらにその先にはひ孫がいる。自分が生きていようが、いまいが続いていく。

もっとも最近では、結婚しない人もいるし、子どもを生まない人もいるのでかならずしも子孫が続くとはいえないが、とりあえず子孫が続くと仮定して考えてみよう。同じように子どもを二人ずつ生むと仮定すると、三〇代先の子孫たちも一〇億人いることになる。

先祖の広がりと子孫の広がり、そのクロスした交わりの一点に「私」がいる。そういう「歴史的存在」としての私があるということである。

そう考えると、現在生きていることへの感謝とともに、自分を大事にしなければいけないという気持ちになる。また、子孫に恥ずかしくない存在でいたいという責任も感じる。

無所有

「私」とは何かを考えるうえで、「これは自分だけのものだ」といえるものがあるか考えてみよう。家や土地、農地はどうだろうか。確かに現在は、自分が住み、法律上は自分の所有する権利があるものかもしれない。しかし、親から譲り受けたものであったり、自分が死んだら誰かに譲るものであったりする。たまたま管理を任されているだけといってもいいかもしれない。

車や洋服はどうだろうか。つきつめればやはり、管理を任されているだけではないだろうか。

では、考え方や感じ方はどうだろう。自分だけのものと言えるだろうか。

「私」の精神や判断や記憶などが自分の体に宿るまでに、どれぐらいの人たちの手伝いや影響があったか考えてみよう。

同じように莫大な数の人たちの手伝いや影響があったことに気づくだろう。読んだ本や、見た映画、聞いた音楽もある。旅行先で見た景色もある。太陽や風から学んだこともある。知識も含めて、自分だけでできたものはない。

何かを創作したといっても、数え切れない人たちの応援なしにはできなかったものである。

自然は養父母であり養子でもある

人間が生まれるのは、父母から生命を受け継いだものである。これを生父母というならば、自分を養育し今日あるまでに健康を守り、愛をもって成長・発育させてくれた環境を養父母ということができる。

自分が今日あるために、教え、知能発達に助力してくれた先輩や先生、また思考方式を心の器にためるためにさまざまなことを示してくれた森羅万象の数々、これらを師父母ということができる。

人間は生父母、養父母、師父母が見守ってくれてこそ生命をまっとうすることができるのである。

人間に栄養分を供給する地球上のすべての物体（農畜産物）は養父母だといえる。自然農業は、このような食品生産で主役である動物と植物と微生物を養父母として尊重する。潜在能力を引き出す肥培管理や栄養管理こそが父母から受け継いだ自分の体を健全に維持することになる。

また、別の見方をすれば、農民を農夫ともいうが、すべての農作物を育て、もてる能力を発揮させ、子孫に受け継いでいく養子を養育することと同じではないだろうか。

したがって、自然農業では農業をする行為そのものが養父母に仕《つか》えることになる。親孝行する心で作物を育てる。あるときは養子として愛し、生理・生態に合った肥培管理をおこなうとき、着実な結実と共存共栄が成り立つ。

このような養父母・養子の関係を自然の摂理だと考えている。このことを、自他一体の原理と呼んでいる。

第２章

自然農業資材の
つくり方・使い方

土着微生物は地域の守り神。感謝の気持ちを忘れずに活かす

土着微生物の採取・培養と使い方、応用

元種採取の方法

土着微生物は土壌の状態を改善し、作物の健康の維持、増進をはかるときに非常に効果的な地域活性総合微生物となる。

基本的なつくり方は、スギの板で弁当箱状の箱を用いる。そのなかに蒸したご飯、または固めに炊いたご飯を入れ、和紙でふたをする。和紙の代わりに障子紙や半紙でもよいが、新聞紙はインクを使っているのでよくない。また、布はしわがよって、ほこりが溜まりやすいのでよくない。障子紙もビニールが入ったものはよくない。

その箱にふたをして、ゴムでしっかりと締める。それを裏山や竹林の腐葉土のなかに入れ、落ち葉などで覆っておく。そのさい、イノシシやネズミに荒らされないようにネットや金網をかけるとよい。ネットの代わりに農作物出荷用のコンテナを利用している人もいるが、それもよい方法だ。

そうすると、気温が二〇℃から二五℃くらいでは四～五日から一週間くらいで、ご飯の上に白い菌が付着する。湿気が多い場所や、日数をかけすぎてしまうと、黒い菌や赤い菌などの嫌気性の菌が繁殖してしまう。

目安としては、白い好気性の菌が繁殖したときが元種採取のタイミングである。スギの弁当箱は四～五個用意して、いろいろな場所に埋《い》けておくようにすると、たとえ取り出すタイミングなどを失敗しても、どれかで採取できるし、より多様な微生物を採取することができる。

土着微生物１番、２番、３番

採取した菌は、同量の黒砂糖とともにカメのなかに浸ける。その状態でドロッとするまで置く。約二週間から一ヶ月かかる。その状態で保存できる。

自然農業では便宜的に、採取した菌の状態を土着微生物１番と呼んでいる。また、黒砂

杉板で作ったお弁当箱状の箱。板の間を少しあけるのがポイント

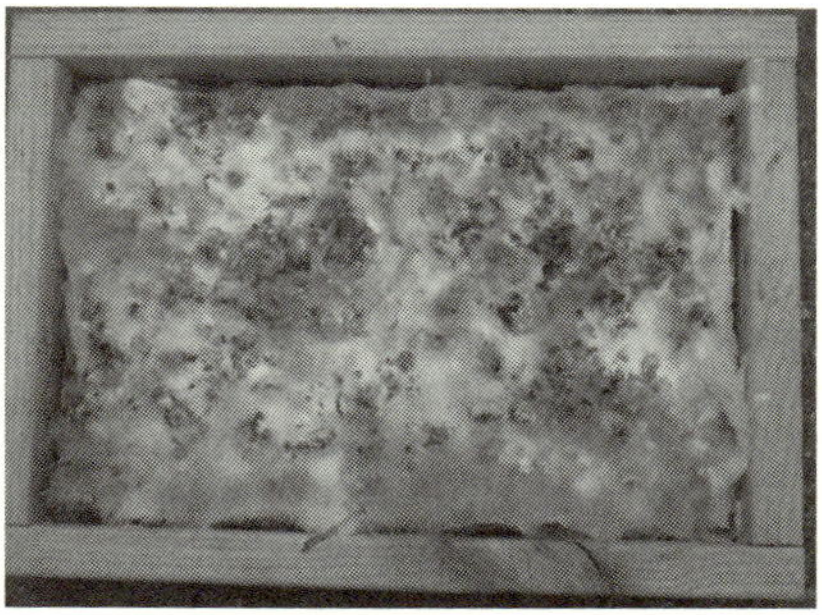

ご飯に白い菌が繁殖している様子（土着微生物1番）

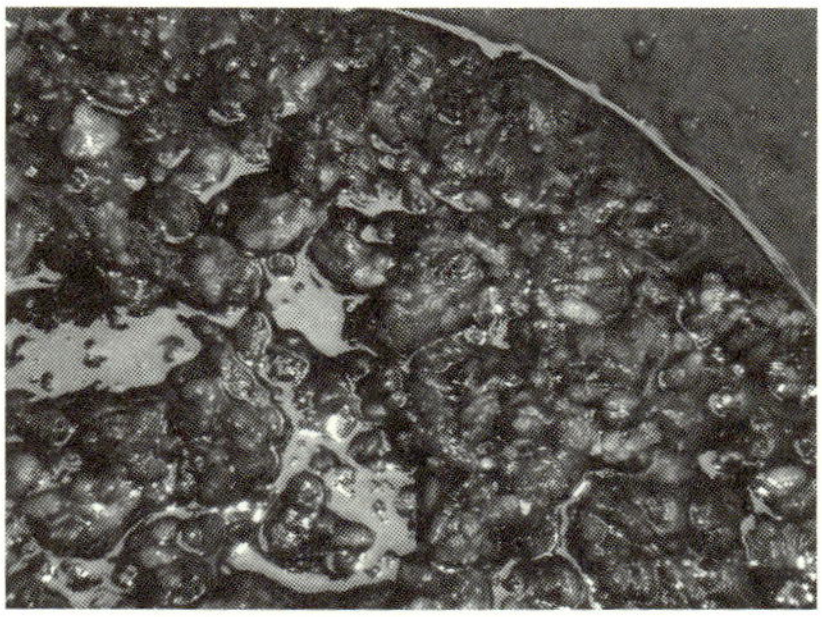

土着微生物1番を同量の黒砂糖と混合して、カメに入れておく（土着微生物2番）

土着微生物の採取・培養の手順

①蒸したご飯をスギの箱に詰め、和紙でふたをし、ゴム（またはひも）で締める
②スギの箱を裏山や竹林の腐葉土のなかに入れ、枯れ葉などで覆う
③イノシシ、ネズミなどに荒らされないように動物避けネット（または金網）をかける
④気温にもよるが4～7日後、ご飯の上に白い菌が付着、繁殖していたら持ち帰る＝**土着微生物1番**
⑤土着微生物1番と黒砂糖を混ぜ、カメのなかに2週間～1ヶ月浸ける＝**土着微生物2番**
⑥土着微生物2番を水で溶き、米糠と混ぜてわらなどで覆い、発酵させる＝**土着微生物3番**
⑦土着微生物3番に地域（山）の赤土、畑の土を混ぜて発酵させる＝**土着微生物4番**
⑧土着微生物4番に骨粉、魚粉、油カス、粉炭などを混ぜて発酵させ、ボカシ肥料をつくったり、天恵緑汁、ミネラル液などを入れて発酵させ、液肥をつくる＝**土着微生物5番**

糖に浸けた状態を土着微生物２番と呼ぶ。

２番を米糠で培養したものを土着微生物３番と呼ぶ。培養する場所はかならず土の上である。土着微生物の発酵は土と縁を切ってはいけない。

混ぜるさい、２番をあらかじめ水で溶いてから米糠に混ぜると作業がしやすい。米糠は、最初は米袋一袋か二袋くらいでよい。これに、天恵緑汁五〇〇倍と海水一〇〇〇倍の混合液を加える。水分

土着微生物の採種・培養のポイント

①蒸したご飯をスギ箱に詰め、ふたをする

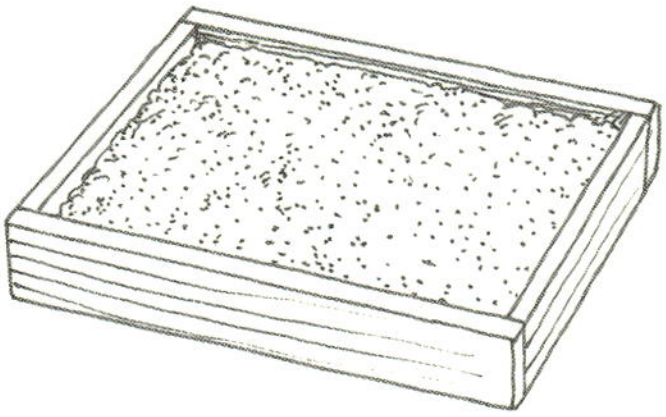

②腐葉土のなかに入れ、枯れ葉などで覆う

③動物避けネット（または金網）をかける

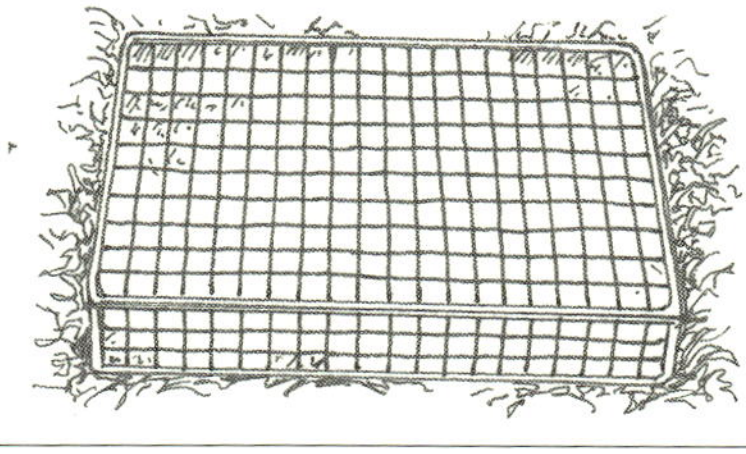

④白い菌が付着、繁殖していたら持ち帰る

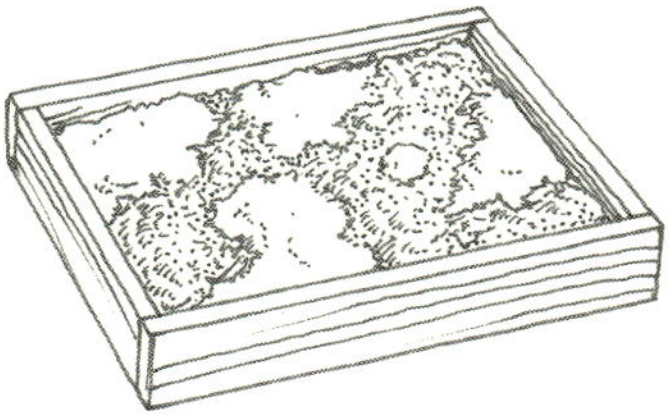

⑤黒砂糖と混ぜ、カメのなかで浸ける

⑥水で溶き、米糠と混ぜて発酵させる

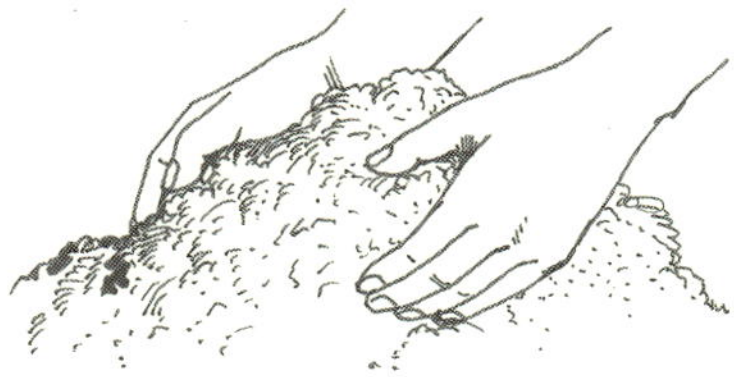

⑦赤土、畑の土を混ぜて発酵させる

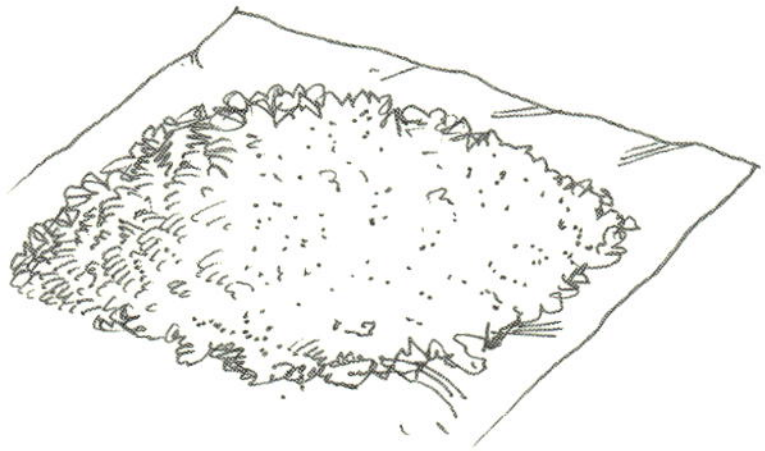

⑧魚粉、油カスなどを混ぜて発酵させる

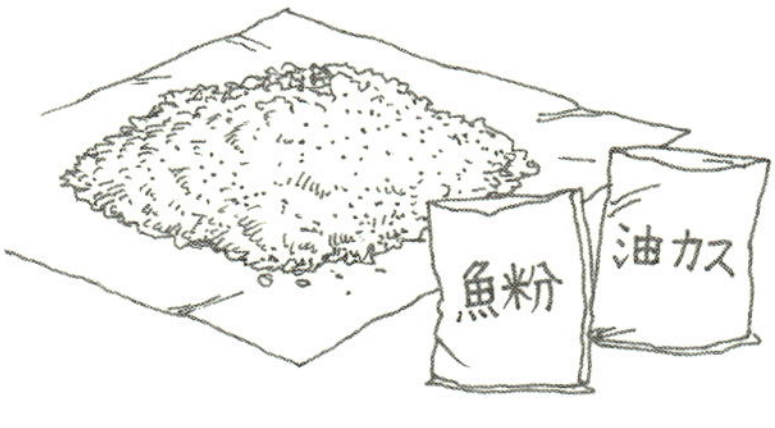

は六〇％を目安にするが、手加減で調整する。

だいたい手で握ってみて、触れば固まりがすぐに壊れるくらいの固さである。それを、山に積んで、ムシロやコモ、もしくは稲わらで覆っておく。山の高さは三〇～五〇cmくらいにし、ならして台形にし、あまり高く積み上げない。高い山にすると温度が上がりやすい。じわじわと発酵させるのがよい。

すると、春先であれば二～三日で、土着微生物の繁殖がはじまり、温度が上がってく

米糠を混ぜて、水分を調整し、積んでおくと白い菌が全体を覆う。繁殖してコロニーを形成した微生物

培養するときは、中の温度が50℃以上にならないように気をつけて、毎日切り返す

る。そうなったら毎日、切り返す。暖かい時期であれば一日で温度が上がってくるので、基本的には仕込んだら毎日、切り返すと思っておくとよい。

切り返しは、混ぜるというより空気を入れるためにおこなう。土着微生物の繁殖には空気が必要なのである。

また、温度は五〇℃以上にならないようにする。自分のカンでできるようになるまでは、温度計を差し込んでチェックすることが大切である。

冬場は繁殖が遅く温度がなかなか上がらない場合がある。その場合は、スターターとして、ペットボトル一つか二つにお湯を入れて湯たんぽのように使う。一度入れれば、熱で菌が繁殖しやすくなる。温度は、土着微生物繁殖の目安である。

培養する場所は土のあるところ

土着微生物を培養するさい、作業をする場所はかならず下が土でなければならない。微生物の培養は土と縁を切ってはいけないのである。そして、雨が当たらないように、ハウスや倉庫などの屋根があるところが基本である。初めて培養する人は、簡単なビニールハウスでもよいが、太陽光線が直接当たらないように屋根の下、四～五cmくらいのところに寒冷紗で覆っておく。

下がコンクリートのところで培養すると、嫌気性の菌が増えやすい。土着微生物3番くらいまでは量が少ないからいいが、4番・5番になると量が多くなる。その場合はこまめに切り返す必要がある。

場所によって、土が湿気《しけ》っているところでは、一気に嫌気性の菌が増えてしまう。その場合は大きな木の箱や板の上などでおこない、過剰な湿気を避ける。

土着微生物は多様性がポイント

土着微生物3番がいわゆる元種である。培養するときは、わらで覆うのが理想である。なぜかというと、わらには納豆菌がついているからである。納豆菌にはタンパク質分解酵素が含まれ、免疫力を高める働きがある。

土着微生物は多様性が大切である。季節も春夏秋冬の菌を使い、採取する場所も山の広

土着微生物3番と米ぬかを混ぜて拡大培養する

白い菌が全体に広がった土着微生物3番

拡大培養するとき、上を稲わらで覆う

葉樹林や竹やぶなど、また、高度を変えるなどして、いろいろなところで採取して、混合するのだ。多様な菌が畑にあれば、菌同士に拮抗作用が生まれてバランスがとれるようになる。多様性が土をつくり、作物の健康を守るのだ。

土づくりに使うのは元種に土を加えた土着微生物４番

土着微生物４番は、元種である３番に同量の土を混ぜたものである。土も半分は畑の土で、もう半分は地域の山の赤土がよい。すなわち、土着微生物二に対し、畑の土一、山の土一の比率である。

なぜかというと、土着微生物は既得権を主張するような性質があって、先に畑の微生物が入っていると「親戚が遊びに来た」ようなもので、なじみやすいのである。親和性が重要だ。土を混ぜずに３番を直接入れると、いわゆる焼けたような状態に畑がなってしまう場合があるので避ける。

培養するときに半分畑の土を入れておけば、多様性が生まれ親和性も保たれる。山の赤土を入れるのは、鉄分などミネラル分が豊富だからでもある。

４番の状態でつくり置きしておけば、いつでも使える。乾燥させれば保存もできる。乾燥させるには、コンテナなどに入れておけば空気も通るのでよい。土嚢《どのう》袋のような通気性のある袋に入れて保存しておいてもよい。

使い方であるが、プランターの場合でも作物の周囲に、上からまくのが基本である。畑のなかに鋤《す》き込んだり、作物に直接触れさせると根に悪影響を与える場合がある。とくにダイコンなどの根菜類の場合は、全面施肥すると奇形果が出ることがあるので注意する。

作物がある程度大きくなって、追肥としてやる場合、早く効かせたいときに、茎から少し離れた場所に穴を掘って入れる「つぼ肥」の方法でもよい。

４番の応用でつくる５番のボカシ肥料・液肥など

土着微生物５番は、いわゆるボカシ肥料といわれるものである。４番に粉炭や油カスや骨粉、魚粉など有機資材を混ぜてつくる発酵肥料である。人によっては、米糠を入れる場合もある。５番は、肥料と微生物を同時に施すことになるので吸収がよいのである。

土着微生物3番と赤土と畑の土を混合する

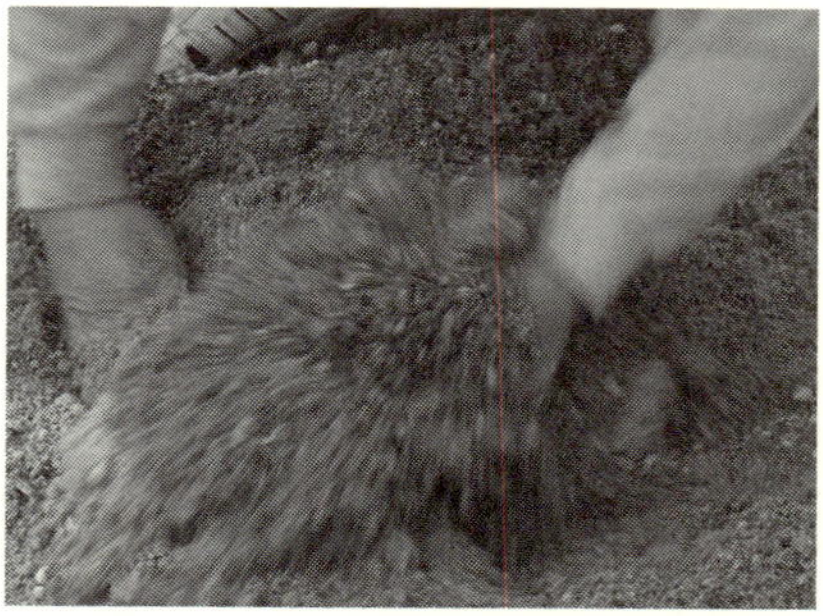
手でていねいに混ぜながら、水分濃度がわかるようにする

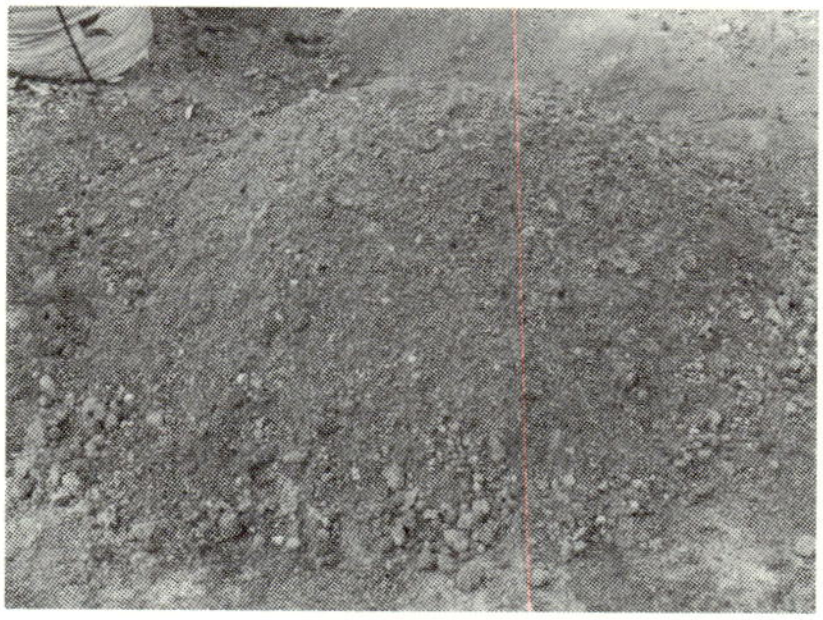
でき上がった土着微生物4番

　また、５番は保存するものではないので、施肥の日に合わせて発酵のタイミングを計り、前もってつくっておく。作物によって配合も変える。たとえばキュウリのようにチッ素分を好む作物は、魚粉などを多めに入れたりする。集められる材料によっても、さらに工夫できる。また、５番は、鶏や豚の餌に一〇～一五％混ぜても成長に差し支えない。

　液肥をつくるときも４番を使う。４番をストッキングなどにつめて、水のタンクに入れておく。それに天恵緑汁、ミネラル液、海水などを混ぜて液肥とする。

土着微生物づくりの応用

　土着微生物の培養法として、弁当箱にご飯を入れる方法を紹介したが、それより簡単な培

土着微生物5番（ボカシ肥料）の材料は、なるべく身近な材料を使用する

手に入れた賞味期限切れの魚の煮干しも、発酵させて使用すれば、立派な肥料になる

量が多い場合は、小型のパワーショベルなどで混合しながら、水分を補給して調整

「ハンペン」の採種・培養

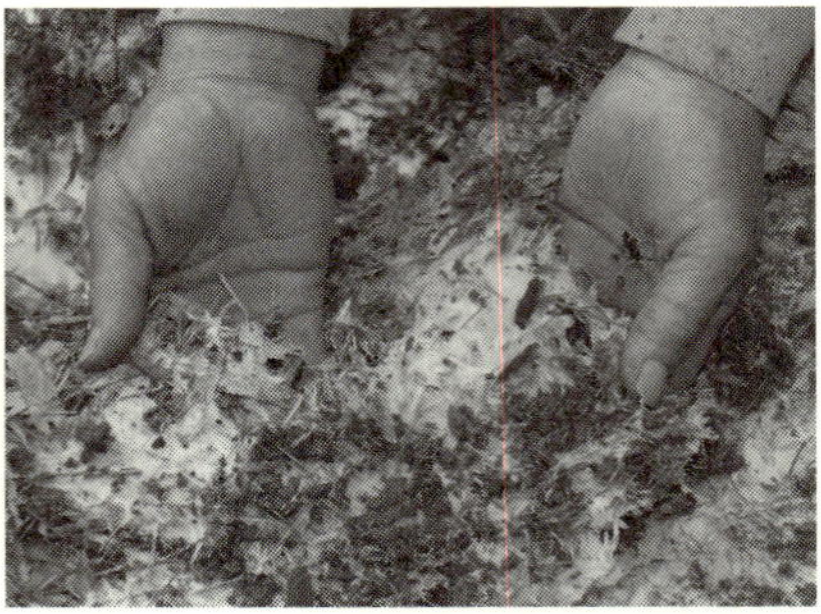

①竹やぶや広葉樹林の落ち葉の中にある白い菌の固まり（通称ハンペン）

②バケツの水のなかにほぐして入れる

③天恵緑汁や漢方栄養剤などを混合する

④ミネラル液も微生物の活性化にはよいので混合する

⑤米糠にこれを混合する

⑥水分を調整して山をつくる。稲わらで覆い、発酵させてできたものが土着微生物3番

養法が、山林に行って通称ハンペンと呼ばれる白い菌の固まりを見つけてくることである。

このハンペンは、竹林や広葉樹林にある。明るいところにはないが、あまり暗いところにもない。暗いところ七対明るいところ三くらいの割合の環境にある。

これを集めてきて、ご飯と混ぜると土着微生物2番になる。さらに水のなかに溶かし、天恵緑汁やミネラル液、海水と混ぜる。それを米糠に培養すると3番になる。

もっと手抜きする人は、腐葉土をもってきて、それから2番をつくってしまう人もいるし、さらに手抜きする人は、山で、米糠を腐葉土にまいておいて水分を調整してつくる人もいる。

土着微生物をつくる基本は、ご飯を使う方法だが、大量に至急必要な人には、そのようなつくり方も参考になるだろう。

稲株から土着微生物を集める

稲作をしている人は、稲を刈ってすぐの稲株に、小さめの箱にご飯を入れたものをかぶせ、さらにわらなどで覆い、土着微生物を採取するとよい。こうして集めた土着微生物には、納豆菌だけでなく、稲の生育に重要な菌が含まれている。ここから1番、2番をつくり、水で五〇〇倍～一〇〇〇倍に薄めて苗にやると、とてもよい効果がある。

竹チップの応用

竹林は根が浅く菌が地表面に集まりやすいので、土着微生物を採取するには都合がよいが、さらにいま注目しているのは、竹からつくったチップをボカシ肥料の資材として使うことである。竹はケイ酸が多く、稲などの生育にたいへんよい効果をもたらす。もちろん、稲だけでなく野菜にもよい影響を与える。

里山の手入れをしなくなったために、竹やぶが増えて困っているという話をよく聞くが、この竹を肥料にできるのだ。これを利用しない手はないだろう。チップをつくる機械はさまざまだが、個人で購入するには高い。山林管理という位置づけで、機械を行政が購入し、農家が利用組合をつくって利用する仕組みをつくれば、もっと気楽に竹チップの活用ができるのではないだろうか。

「青い鳥」を見つける

自然農業のおもしろさは、普通は役に立たないと思われているものが宝物として有用資源に変わっていくおもしろさである。竹の例でいえば、放置林を伐採し、処理するのにお金がかかるものが利用できるのである。自然農業は無用なお金がかからないし、必要なものは地域で発見できるおもしろさがある。そのことが地域の宝物探しができ「青い鳥」を見つけることにつながるのである。

世の中に存在するもので役に立たないものはない。その発想が、自然農業の根本にある。

天恵緑汁のつくり方と効果、使い方

天恵緑汁の材料

天恵緑汁は、身近にある植物を利用して簡単につくることのできる、自然の精気が旺盛な酵素液である。乳酸菌や酵母菌が豊富なので、作物だけでなく土壌微生物にもよい。材料として必要なのは、生命力の旺盛な植物の生長点（成長点）だ。原材料となる植物の生長ホルモンが集中している芽、出たばかりの実（摘果した実）、完熟した実、蜜と香りに満ちた花などを採取する。

基本となる素材はヨモギ、セリ、クレソン、タケノコなどである。日本の場合、ヨモギはたくさんあるが、セリよりもクレソンのほうがとりやすいだろう。それらの新芽や脇芽、つるなどを採取してくる。

大切なのは、夜明け前に採取することだ。日が昇ると、植物の炭酸同化作用がはじまり、精気が弱まってしまう。朝摘み野菜がおいしいのと同じ理由である。

暗いときに採取作業をするので、採取場所を明るいうちによく確認しておこう。ライト付きのヘルメットなどを着用するのもいいだろう。日が出る前が無理だった場合でも、なるべく早朝に採取するのがポイントだ。

天恵緑汁のつくり方

採取してきた植物は水洗いせず、材料を計量する。ヨモギの場合、包丁でざく切りにし、すぐに同量の黒砂糖と混ぜて浸け込む。水で洗うと葉っぱの表面の微生物などが洗い流されてしまうからである。タケノコは皮ごと刻んで浸けるが、泥が気になる場合は、泥だけはらって使用する。

浸け込むのは、素焼きのカメか杉桶《おけ》がよい。プラスチックや金属の容器ではうまくいかない。

また、黒砂糖と混ぜ合わせる作業は、タライを利用するとよい。混ぜ合わすさい、植物の生長点だけとってきたのなら、そのままでよいが、大きめの葉や茎などが混じっている場合には、それらを包丁で刻んでから混ぜ合わせる。

混ぜ合わせたものをカメいっぱいに入れ、上部に黒砂糖をかけて落としぶたをし、重石をのせておく。翌日にはカメの約三分の二の量になるくらいまでがよい。重石は空気を抜く目的で使用するので、翌日にはとる。

天恵緑汁は重石で液をとるのではなく、黒砂糖の濃度による浸透圧によって液を抽出するのである。それとともに、植物に含まれるさまざまな成分が抽出される。また、付着した微生物と材料の酵素によって発酵が起きる。黒砂糖はミネラルを多く含むので、微生物の発酵力を強化するのだ。

天恵緑汁をつくるのに必要な道具・材料

注）『天恵緑汁のつくり方と使い方』（日本自然農業協会編、農文協）をもとに作成

天恵緑汁のつくり方の手順

①夜明け前、もしくは早朝、ヨモギなどの材料を採取する
②材料を洗わずに計量し、必要に応じて刻んだりして混ぜ合わせる
③材料をタライに入れ、すぐに同量の黒砂糖とよく混ぜ合わせる
④材料を素焼きのカメ（もしくは杉桶など）に、押し込むようにしてびっしり入れる
⑤カメに重石をのせ、一昼夜おいて空気が抜けたら重石をとる
⑥カメに和紙などでふたをし、材料、仕込みの日付を記入する
⑦気温にもよるが5～7日後、熟成。浮き出た汁をザルで濾して取り出す
⑧保存用の容器に汁を入れ、冷暗所、地面などで保管する。容器がカメの場合、和紙、稲わらなどでふたをしておく

重石をとったあと、カメに和紙などでふたをし、材料、仕込みの日付などを記入しておく。季節によって多少差があるが、外部温度が二〇～二五℃前後なら五～七日で熟成する。最初は味を見ても甘いだけである。そのうち、よい香りがしてきて、次にはアルコールの香りになる。

できあがりの目安は、葉の緑色が黄緑に変わること。葉の色が変わるのは葉緑素が抜けた印である。葉緑素は発酵して出てきた微アルコールによって溶ける。味はやや酸っぱいぐらい。これが時期を過ぎてしまうと酢になってしまうので、酸っぱくなってしまう。そうなる前に材料を引き上げる。

取り出すときには、ザルなどで濾《こ》して液を取り出す。絞ったりしてはいけ

天恵緑汁のつくり方のポイント

①早朝、ヨモギなどの素材を採種

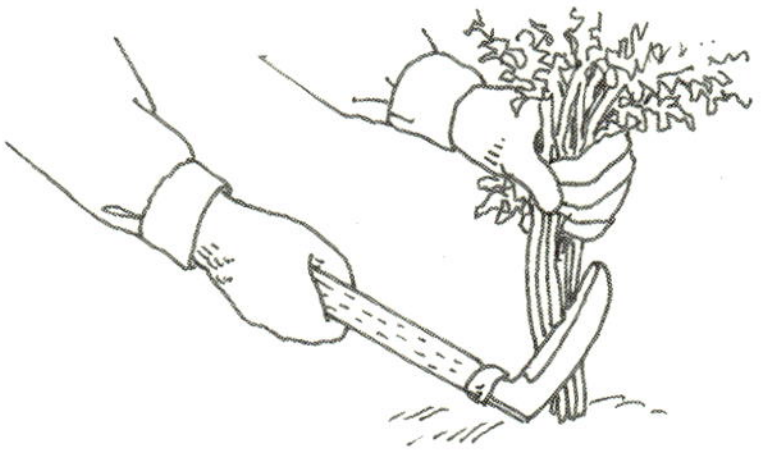

②素材を計量し、包丁でざく切りに

③黒砂糖を加えて混ぜ合わせる

④材料を押し込むようにカメに入れる

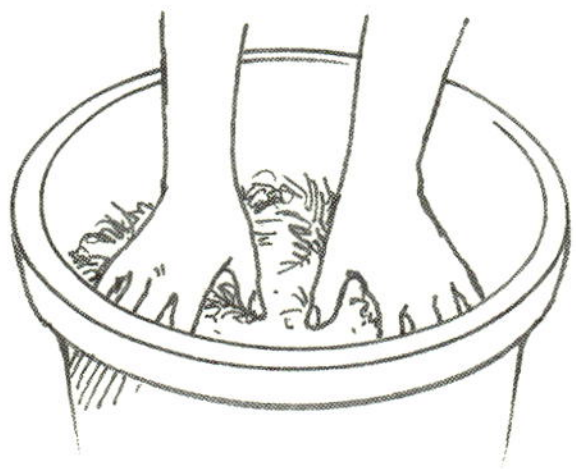

⑤重石をのせ、一昼夜おいて重石をとる

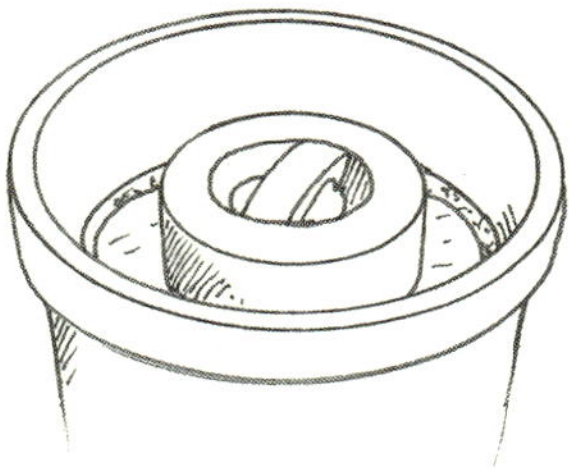

⑥和紙などでふたをし、仕込み日などを書く

⑦汁が浮き出たら、濾して取り出す

⑧汁を保存容器に入れ、冷暗所で保管

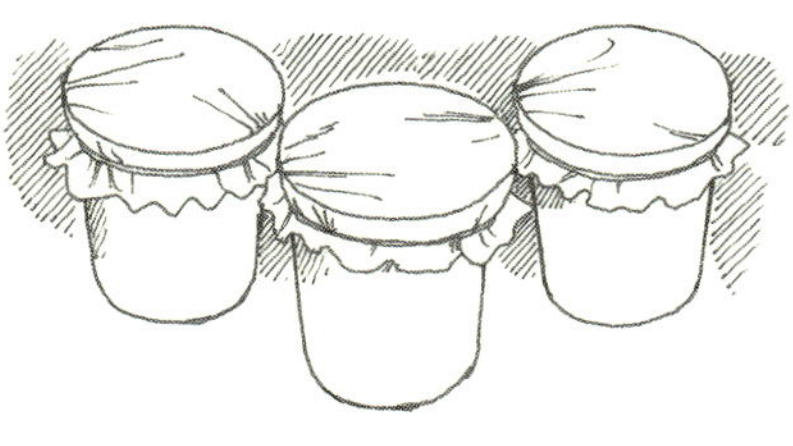

天恵緑汁の熟成・保管

ペットボトル、ビンなどの保存の容器に移す

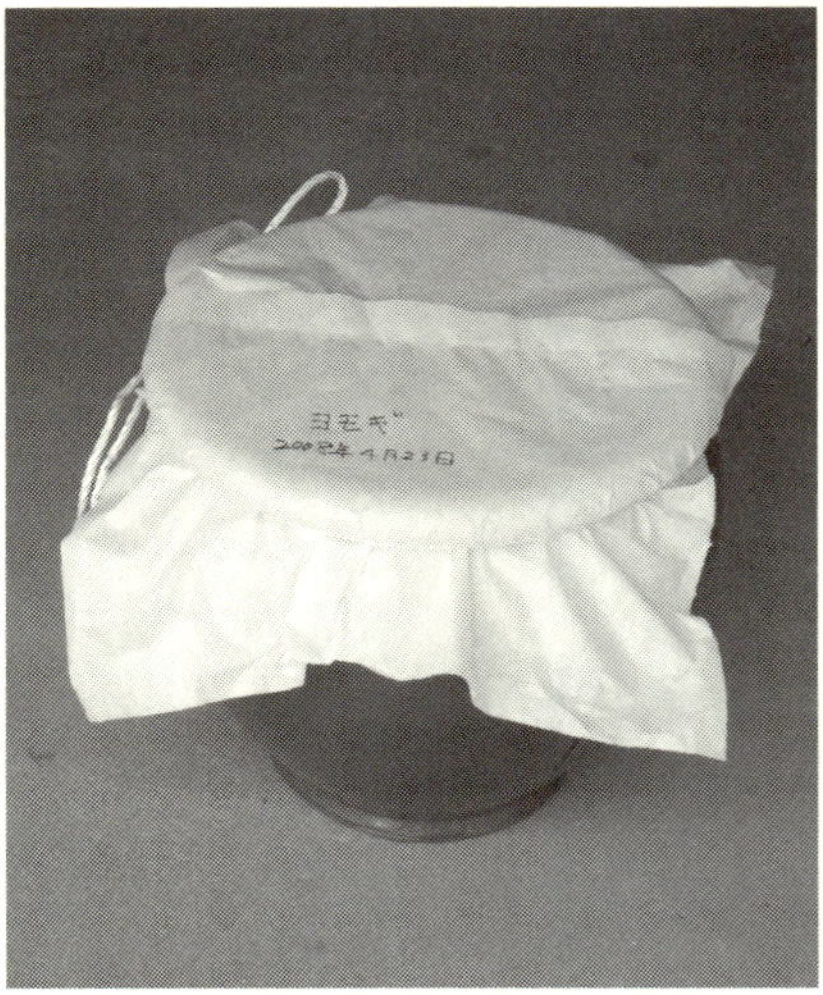

長期保存の場合はカメに入れ、冷暗所に保存する

ヨモギで仕込んだ天恵緑汁

表面が浮いて白いカビが出るようなら、材料をひっくり返して液に浸るようにする

できたらザルにあげて、液をとる。しぼってはいけない

ない。ポンプで液だけ吸い上げてもいい。

できあがった天恵緑汁は紫外線を通さない容器に入れ、容器がカメの場合、ふたは紙か稲わらでする。カメがないときは、大きめのペットボトル（紙、布、稲わらでふたをする）に入れ、冷暗所などで保存する。ビン（なるべく茶など色付きのものを用いる）に入れてスチールのふたなどをしっかり閉めてしまうと、発酵で破裂してしまうことがよくあるので注意してほしい。冷暗所か地面に埋めれば長期保存することができる。量が少なければ冷蔵庫でもかまわない。この場合もふたは紙か布、稲わらでする。

しかし、農作物に活用するときは、精力が最も強い完成後二〜三日以内に使用したほうがよい。

長期貯蔵は、黒砂糖をさらに加え、酸化とアルコール化しないように濃度を濃くしておく。こうすれば発酵を止めることができる。

この場合は希釈倍数に気をつける。五〇〇倍で使用の場合は一〇〇〇倍に希釈する。熟成した天恵緑汁を使用するときには、新しくつくったものと混ぜて使うと効果的である。

天恵緑汁の効果

天恵緑汁をつくる過程では、さまざまな成分が抽出されるだけでなく、糖は酵素によって微アルコールとなり、水に溶けにくい葉緑素などの成分も抽出される。葉緑素は細胞を活性化させ、細胞膜を強くする働きがあり、人間でいえば血液のヘモグロビンにあたるも

タケノコをザクザク切って、黒砂糖をまぶしながらカメに漬け込む

でき上がったヒジキの天恵緑汁

杉の実（雌花）の天恵緑汁

のである。乳酸菌や酵母も病気になりにくい体をつくってくれる。

天恵緑汁をつくるさい、ヨモギはヨモギのカメ、セリはセリのカメと材料別に単品でつくりわける。これは、植物によって発酵の仕方が違うからである。

材料別の使用法

春先の新芽や蕾も天恵緑汁によい。厳しい寒さにじっと耐え、蓄えていた力を春の空へ向かって吹き出す、この時期の新芽や蕾には大きなエネルギーがある。そのエネルギーを農業に活かすのである。フキノトウ、ナバナ、カラシナ、ハクサイ、ブロッコリーなどの蕾の部分だけ採取してつくる。これらの材料の場合は、交代期や生殖生長期に主として使

天恵緑汁をつくるのに適した素材

用する。

天恵緑汁は、使う場合に合わせて他の資材と混ぜて使用する。基本的な材料のヨモギやクレソンでつくった天恵緑汁はほとんどの場合に使える。

タケノコやクズの蔓《つる》など、生長の早い植物でつくったものは作物を伸長させるとき、主に栄養生長期に使う。アカシア（ニセアカシアでもよい）やツツジの花、摘果した実、果実類でつくった天恵緑汁は交代期以降に使用する。花芽分化を促進させるための交代期処理を目的とするときに、リン酸カルシウムや玄米酢、ミネラルD液（花芽分化など交代期に用いるミネラル液、後述）を一緒に混合して使用する。

スギナの天恵緑汁はカルシウム分が多いので、作物を固く、しっかりしたものにしたいときに使用する。またスベリヒユはトマト、ナスなどの果菜や果実の表皮につやを与える効果がある。肌にもよいということで、薄めて化粧水として使用している女性もいる。

海草の天恵緑汁も非常によい。ワカメやヒジキ、ホンダワラなど、海岸から拾ってきたものを刻んで、黒砂糖に浸けると、液がたっぷりとれる。これらもミネラルやヨード分が豊富で、作物によい。主に栄養生長期に使用する。

スギの実は直径が一・五㎝ほどの青い実を採取し、黒砂糖に浸ける。また、アケビ（ムベでもよい）は皮ごとザクザクと刻み、黒砂糖に浸ける。スギの実（丸い雌花）やアケビは植物のなかでも精力が強いので、非常に強力なものができる。これらは単独で使用せず、ほかの天恵緑汁を強化するときに混合して使用する。

ただし、カキの実と柑橘類の果実でつくったものは冷気と酸味があるので、ほかの作物には使用せず、カキはカキの木に、柑橘類は柑橘類の木に使用する。

作物のわき芽や摘果実も天恵緑汁になる。たとえば、キュウリにはキュウリのわき芽、トマトにはトマトのわき芽でつくった天恵緑汁がよい。摘果した実の天恵緑汁を童子液と呼び、交代期以降に使用する。また、ブドウやイチゴなどの成熟果を主原料とし、黒砂糖に浸けて発酵させる果実酵素（写真は二〇頁）も交代期以降に使用する。

天恵緑汁を散布すると、葉が分厚くなる。また、病気にかかりにくくなり、虫に食われても被害が少なくなる。天恵緑汁を使うと、酵素の働きで作物も元気づけるし、土壌微生物も元気づけ、土づくりにもつながってくるのだ。

イチゴに希釈した天恵緑汁を散布

ニンジンに天恵緑汁を散布。天恵緑汁は500倍に希釈するのが基本濃度

もちろん、人間にとってもよいものなので、水で五〜六倍に薄めて飲むと非常においしい。子どもたちにもジュース代わりに飲ませるとよい。

天恵緑汁の使い方

天恵緑汁を使用するときは基本的に水で五〇〇倍に薄めて使用する。自然農業では天恵緑汁だけでなく、ミネラル液や玄米酢、漢方栄養剤などと混合して使用する。そうすることで相乗効果が生まれるからだ。

天恵緑汁の濃度は葉っぱの厚さによって変える。葉っぱの薄いものは濃度も七〇〇倍く

天恵緑汁・果樹類、果樹での使用法の例

生育（処理）期	使用資材	濃度
栄養生長期	ヨモギとセリの天恵緑汁 玄米酢 漢方栄養剤 アミノ酸 真珠水C液 天然カルシウム	500倍 500倍 1000倍 1000倍 1000倍 1000倍
交代期	アカシアの花の天恵緑汁 水溶性リン酸カルシウム 玄米酢 漢方栄養剤 真珠水D液	500倍 1000倍 500倍 1000倍 1000倍
生殖生長期	アカシアの花の天恵緑汁 水溶性リン酸カルシウム 玄米酢 漢方栄養剤 海水	500倍 1000倍 500倍 1000倍 30倍

①交代期・生殖生長期に用いるアカシア（もしくはニセアカシア）の花の天恵緑汁は果実の天恵緑汁でもよい。水溶性リン酸カルシウムは天然カルシウムを用いる。海水は自然塩1000倍液でもよい
②『天恵緑汁のつくり方と使い方』（日本自然農業協会編）による

らいにして使用する。混合は前の日か当日の午前中におこない、発酵させてから使用する。散布は夕方おこなうのが効果的だ。

散布の回数は、作物によって違ってくるが、続けて使用する場合は一週間くらいあけて使用する。

天恵緑汁・根菜類、結球野菜での使用法の例

生育（処理）期	使用資材	濃度
初期～栄養生長	ヨモギとセリの天恵緑汁 アミノ酸 玄米酢 漢方栄養剤 真珠水C液	500倍 1000倍 500倍 1000倍 1000倍
交代期	水溶性カルシウム アカシアの花の天恵緑汁 真珠水D液	1000倍 500倍 1000倍
生殖生長期	水溶性カルシウム アカシア（またはニセアカシア）の花の天恵緑汁 海水	1000倍 500倍 30倍

①真珠水C液は生育不振のときに使用。海水は自然塩1000倍でもよい。水溶性カルシウムは天然カルシウムを用いる
②『天恵緑汁のつくり方と使い方』（日本自然農業協会編）による

種子処理として使用する場合は、種類によって浸ける時間が二～一二時間と違ってくる。たとえば稲の種もみは一二時間くらい浸けるが、ハクサイなどは二時間くらいである。豆類は浸けてすぐ播種しないといけない。一般に芽の出にくいものは長く浸ける。

苗も処理液にドブ浸け（苗をそのまま浸け

ること）して定植する。本畑の植え穴にも処理液をかけてから定植すると活着がよく、翌日には葉っぱがぴんとしている。稲の苗も田植え前に水を切って、処理液をかけてから植えるとすぐ新しい根が出て、活着がよくなる。

天恵緑汁は人が飲んでもおいしく、健康によい。好みで五～一〇倍くらいに薄める。少し玄米酢をたらすと、さらにおいしくなるので試してほしい。

天恵緑汁・稲での使用法の例

生育（処理）期	使用資材	濃度
種子処理	稲株土着菌の液 ヨモギとセリの天恵緑汁 玄米酢 漢方栄養剤 真珠水 天然カルシウム	1000倍 500倍 500倍 1000倍 1200倍 1000倍
交代期処理	リン酸液 アカシアの花の天恵緑汁 天然カルシウム 真珠水D液	1000倍 500倍 1000倍 1000倍
生殖生長期	アカシアの花の天恵緑汁 天然カルシウム 海水	500倍 1000倍 30倍

①天然カルシウムはとくに軟弱な場合に用いる。リン酸液はゴマの茎の炭でつくったもの
②生殖生長期に用いるアカシア（もしくはニセアカシア）の花の天恵緑汁は果実の天恵緑汁でもよい
③海水は自然塩1000倍でもよい
④『天恵緑汁のつくり方と使い方』（日本自然農業協会編）による

使用法の注意点

天恵緑汁が作物によいからといって、必要以上に回数を多く散布したり、規定の濃度を濃くしたりしてはいけない。かえって害になる場合がある。なにごとも適期、適量というものがある。作物をよ

天恵緑汁の使い方の例（レモン栽培）

生長型	生育・作業	時　期	内　　容
休　眠　期	春肥施用（元肥） 整枝剪定	3/上～4/中	熟成鶏糞、土着微生物4番
栄養生長期	春梢の伸長 萌芽前期	3/中～7/下 3/下	ヨモギ天恵緑汁500倍、乳酸菌1000倍、アミノ酸800倍、玄米酢500倍散布
	開花、花の強化	5/中	漢方栄養剤、ヨモギ天恵緑汁、アミノ酸、玄米酢、発酵海水
	初夏根の生長 落弁期施用	5/中～7/下 5/下	漢方栄養剤、ヨモギ天恵緑汁、タケノコ天恵緑汁、海草天恵緑汁、玄米酢、発酵海水
交　代　期	栄養強化	6/下	漢方栄養剤、ヨモギ天恵緑汁、リン酸カルシウム、玄米酢、発酵海水
	夏梢の伸長	6/下～7/上	
生殖生長期	果実の肥大促進	7/上～9/下 （3～6回）	漢方栄養剤、タケノコ天恵緑汁、スギの実天恵緑汁、アミノ酸、発酵海水
	果実の充実	8/上～10/上	
	秋肥施用 収穫 晩秋根の生長	9/下 10/上～4/上 10/下～11/下	熟成鶏糞、土着微生物4番 径5.5cm（年明けから5cmで）

注）①かいよう病の防除（漢方栄養剤1000倍、海草天恵緑汁800倍、天然ニガリ500倍）散布。台風があったとき、台風の直後におこなう
②収穫期間中は原則として散布しない
③草生栽培を基本とするが、まきあがる草は早めに除去する
④散布量はすべて600ℓ／10aが目安
⑤泉精一さん（愛媛県）による

く観察し、天候など、環境条件を考えて、散布してほしい。

台風の被害を受けたあとなど、病原菌が繁殖しやすい条件のときは、天恵緑汁をやらないほうがよい場合もある。

また、収穫前の熟期促進や味のせ目的に散布する場合、濃度を五〇〇倍ではなく、七〇〇倍、一〇〇〇倍にして、間隔をあけて二回散布したほうがよい場合もある。

漢方栄養剤のつくり方と使い方、効能

漢方栄養剤のつくり方

漢方栄養剤は当帰《とうき》、桂皮《けいひ》、甘草《かんぞう》、ショウガ、ニンニクを主原料とし、原料ごとにそれぞれを黒砂糖で発酵させ、焼酎に浸け込んで抽出した資材である。病原菌にとりつかれても発病せず、菌を追い出してしまうような体力を作物につけ、農薬に頼らない農業のために使う。いわば、常備薬のようなものである。

漢方薬は一般的に煎じて飲むが、自然農業では焼酎で抽出する。その理由は、精油成分が揮発して少なくならないようにするためと、熱に弱い酵素を活用するためだ。また、さらに抽出しやすいように事前にドブロク（またはビール）で材料をふやかしておき、同量の黒砂糖を入れて発酵させる。これによって材料のもつ力を最大限引き出しておける。

漢方栄養剤のつくり方の手順

①漢方薬の材料（単品）を素焼きのカメに入れ、ドブロク（またはビール）を入れて1日くらいおき、ふやかす
②材料の当初の重さと同量の黒砂糖を入れ、4～5日おき、発酵させる
③容器の3分の2程度の量の焼酎を加え、7～10日を目安に液を抽出する
④液を抽出後、焼酎の注ぎ足しを繰り返すと3～5回程度、液を抽出できる。そのさい、できた液を容器の3分の1以上残しておくようにする（抽出した液を混合することによって濃度を平均化させる）
◆ニンニクは房を分けて皮を剥き、ショウガは皮を剥いて切り分け、それぞれ同量の黒砂糖を混ぜて発酵させ、焼酎に浸けて液を抽出する
◆漢方栄養剤として使うときは、当帰2：甘草1：桂皮1：ニンニク1：ショウガ1の割合で混合し、1000倍に希釈する

材料は、漢方薬の材料である当帰、甘草、桂皮（シナモン）である。目的とする漢方薬の材料を単品でドブロク（なければビール）に浸してふやかす。ひたひたくらいの量で、一日くらいおく。

次に、材料の重さと同量の黒砂糖を入れて四～五日おき、発酵させる。容器の三分の一ぐらいの量の材料に対し、三分の二の量の焼酎を足す。この後、七～一〇日間ぐらいで抽出できる。

材料は一回だけで終わりではない。液をつくったら、また焼酎を加えて三～五回程度は抽出できる。

ビールでふやかす

甘草

混合する黒砂糖

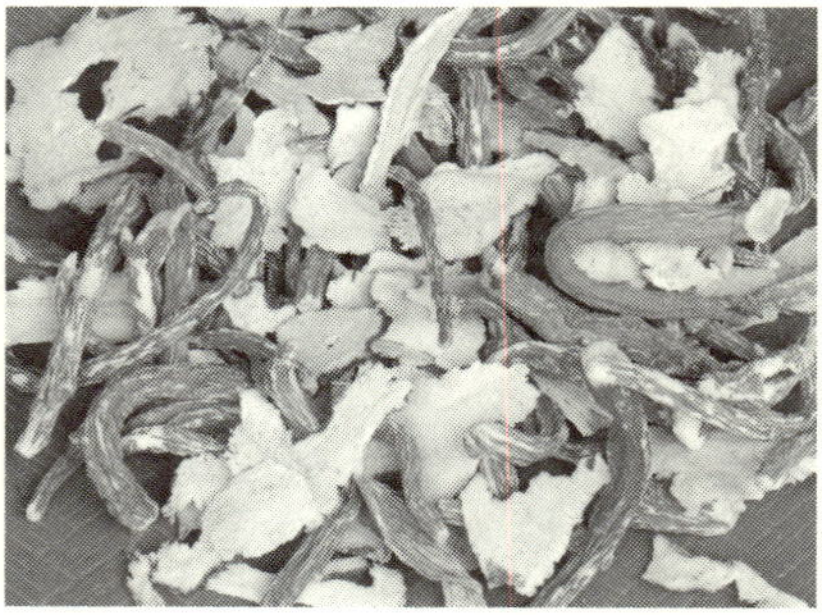
当帰

焼酎を入れる

桂皮

このとき、液を容器に三分の一以上残して、新しい焼酎を足すようにする。一番めは濃く、だんだん薄くなるので全部を混ぜて平均化させる。一ヶ月くらいしたら、漢方薬の材料は濾して液を保管する。

ニンニクやショウガでもできる。ニンニクは房に分けて皮を剝き、同量の黒砂糖に浸けてから、焼酎浸けにする。ショウガは皮を剝いて適当に切り分け、同量の黒砂糖に浸けてから、焼酎浸けにする。急ぐときは、それぞれすって浸け込むとよい。

使用するとき、当帰二：甘草一：桂皮一：ニンニク一：ショウガ一の割合で混合し、一〇〇〇倍に希釈して使用する。

漢方栄養剤の使い方

漢方栄養剤は、作物が弱ったときに天恵緑汁（五〇〇倍）、玄米酢（五〇〇倍）とともに、一〇〇〇倍にして使用する。ベト病やウドンコ病にかかったときも、この液を葉面散布すれば症状をやわらげる。

病気を呼ばない丈夫な作物にするためには、上記の液（あればミネラルC液一〇〇〇倍も加えて）を一週間から一〇日に一回の割合で葉面散布する。

また、種子処理液としても効果がある。天恵緑汁（五〇〇倍）、玄米酢（五〇〇倍）、ミネラルA液（一〇〇〇倍）とともに漢方栄養剤は一〇〇〇倍にして処理液をつくる。

浸す時間は作物の発芽までの時間によって加減する。キュウリ、ハクサイ、ダイコン、メロン、レンコン、ジャガイモなどは四〜五時間。稲、トウガラシ、トマト、ビートなどは七〜八時間。種の小さいものはガーゼなどに包んで浸す。

甘草、当帰、桂皮の薬効

漢方栄養剤の材料として使用される「甘草」であるが、その薬効が注目されている。そこで、漢方栄養剤の材料となる、甘草・当帰・桂皮について紹介しよう。

〈甘草とは〉

植物生薬「甘草（リコリス）」は、マメ科の多年草で、アジア・ヨーロッパに広く分布する。歴史は古く、後漢時代（二五年〜二二〇年）に書かれた薬学書「神農本草経」に「あらゆる薬の中心として、『国老』という名を与えられている」と記されている。国老とは帝王の師の意味である。また「他の薬物とよく調和し、諸毒を解する」ともいわれており、漢方処方中、最もよく用いられている。

また、古代エジプトやギリシャ、ローマなどでも使われていたという記録もあり、洋の東西を問わず、古くから親しまれてきた生薬である。

甘味成分としては、グリチルリチン、ブドウ糖、ショ糖などが含まれ、日本では醤油の甘味料としても使用され、欧米ではお菓子やソフトドリンクの原料として多用されている。甘味は砂糖の五〇倍もあり、低カロリーなため、欧米では健康的な食品添加物と認識されている。

浸け込んでおいたショウガ

甘草を焼酎に浸け込む

当帰を焼酎に浸け込む

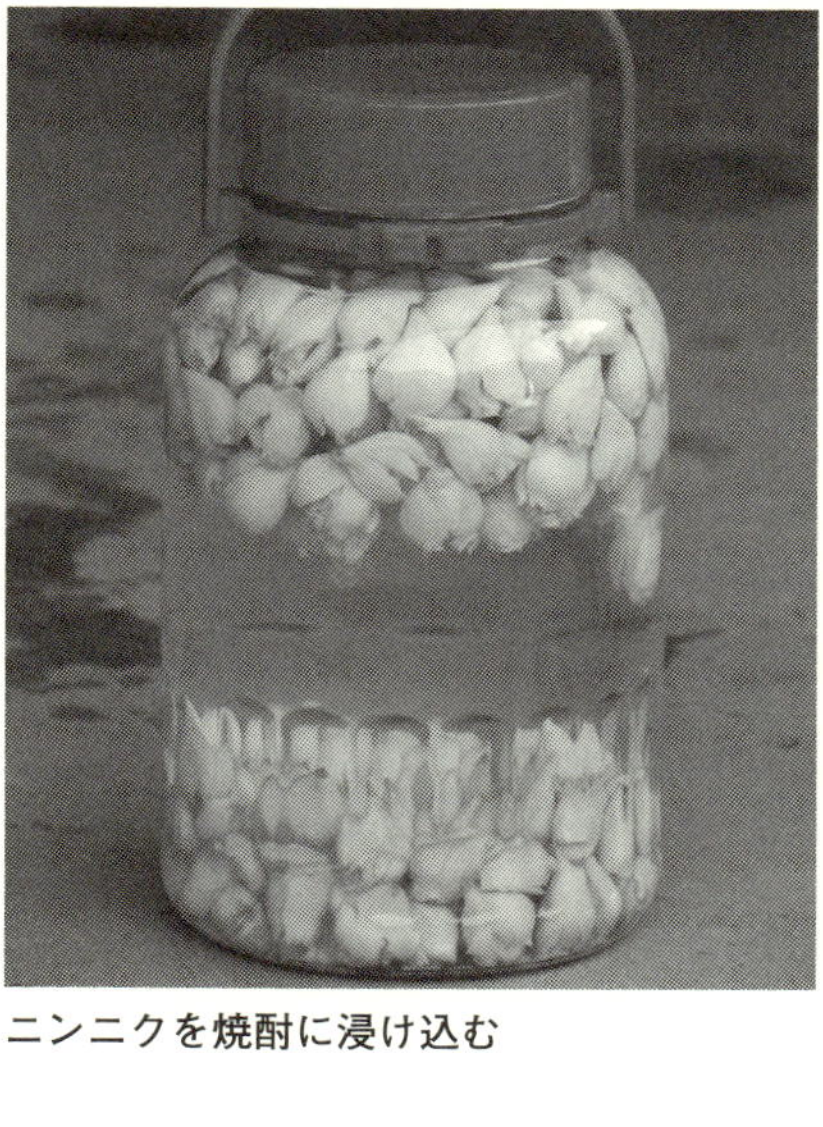

ニンニクを焼酎に浸け込む

桂皮を焼酎に浸け込む

◇多彩な薬効

甘草エキスの主成分グリチルリチンが新型肺炎SARSに有効という記事が二〇〇三年六月に新聞に記載され、抗ウイルス作用が改めて注目された。甘草は基本的に体の抵抗力を高める効果がある。

急迫症状の緩和　腹痛、歯痛、のどの痛み、痔の痛みなど、急激にあらわれる痛みやショック症状を速やかに和らげる。

強肝・解毒作用　肝障害の改善と細網内皮系《さいもうないひ》（体内の異物処理機構）の強化により抵抗力を増し、解毒作用を促進させる。

そのほか、以下のようにさまざまな薬効がある。

潰瘍《かいよう》抑制作用、抗アレルギー作用、抗ストレス作用、副作用を防ぐ、かぜの防止

〈当帰とは〉

当帰は、セリ科の多年草で原産地は中国。日本では本州中部以北の山地に自生する。当帰の根を利用する。根は血液循環を高める作用があり、充血によって生じる痛みの緩和に有効。膿《うみ》を出し、肉芽形成作用があるとされている。

◇多くの薬効

女性に対する薬用ニンジンともいわれ、有名な当帰芍薬散《しゃくやくさん》は、虚証タイプの人の冷え性、貧血、生理不順、不妊症、子宮の機能調整、抗菌作用など、婦人病に用いられる漢方薬である。

薬理作用としては、免疫賦活作用、中枢抑制作用（鎮静・催眠の延長・血圧降下・体温低下など）、鎮痛・解熱作用、筋弛緩作用、末梢血管拡張作用、抗炎症・抗アレルギー作用、抗腫瘍作用、抗ガン剤の副作用軽減作用があるとされている。

〈桂皮とは〉

クスノキ科ケイの樹皮。原産地は中国南部からベトナムのあたりにかけてと推測されている。最古のスパイスといわれ、紀元前四〇〇〇年ころからエジプトでミイラの防腐剤として使われだした。また、紀元前六世紀頃に書かれた旧約聖書の「エゼキエル書」や古代ギリシアの詩人サッポーの書いた詩にも、シナモン（桂皮）が使われていたことを示す記述がある。中国では「神農本草経」に初めて記載されている。

日本には八世紀前半に伝来しており、正倉院の御物《ぎょぶつ》の中にもシナモンが残されている。しかし、樹木として日本に入ってきたのは江戸時代、享保年間（一七一六年～三六年）のことであった。

体を温める作用、発汗・発散作用、健胃作用があり、多数の方剤に配合される。

◇多くの効能

効能としては、発汗解熱作用、鎮静・鎮痙《ちんけい》作用、末梢血管拡張作用、血圧降下作用、抗血栓作用、放射線障害防護作用、抗潰瘍作用、抗炎症・抗アレルギー作用、抗菌作用、水分代謝調節作用、消化吸収抑制作用があるとされている。

農業用ミネラル液

自然農業では川《かわ》田《だ》薫《かおる》先生が開発した川田ミネラルを使用している。岩石を酸で溶かして抽出しているが、水に混合した後、水のクラスター（分子構造）を小さくし、その効果が持続的であるところが他のミネラル液とは違う。使用法等については、韓国の自然農業研究院とも共同開発している。ミネラルは豊かな土着微生物の叢《そう》をつくるうえにおいても重要な働きをする。また、天恵緑汁の酵母や酵素はミネラルとの相乗効果で、さらにその働きが活発化する。

ミネラルは、その抽出する岩石によって、さまざまな違った働きをすることがわかっている。農業用のミネラル液は、Ａ液からＥ液まで五種類ある。

Ａ液は、日本列島の火山の特徴を考慮した岩石からできており、日本中いろいろなところで使用しても効果があるように考えられている。

このＡ液の特徴は土壌調整と菌相制御である。微生物の相を、ある程度そろえる。これは、酵素活性と密接に関連している。

Ｂ液は根菜類の生長を促進させる働きがある。これは微量要素のバランス、とくに亜鉛とホウ素を多く含んだ岩石を使っている。

Ｃ液も微量要素のバランスを考えてつくられているが、葉物、果菜類、果樹など地上のものの生長を促進させる働きがある。

D液は植物の生殖生長に必要な元素を含んだ岩石から抽出したもので、花芽分化などの交代期に使用する。

最後にE液は、リン酸カルシウムを多く含む石でつくられている。最終的に農産物、とくに果実などの糖度や酸度を上げる働きがある。冷夏でなかなか味がのらないときに効果的である。

農業用ミネラルのなかでもとくに重要なのはA液だ。これはまず土のソフト化に効果がある。ミネラルは小さな粒だが、その微粒子の表面がプラスやマイナスの電気をもっており、その帯電した粒子が土をイオン化すると推測されている。

農業薬水(自家製ミネラル液)。上から水を落として岩石を少しずつ溶かす

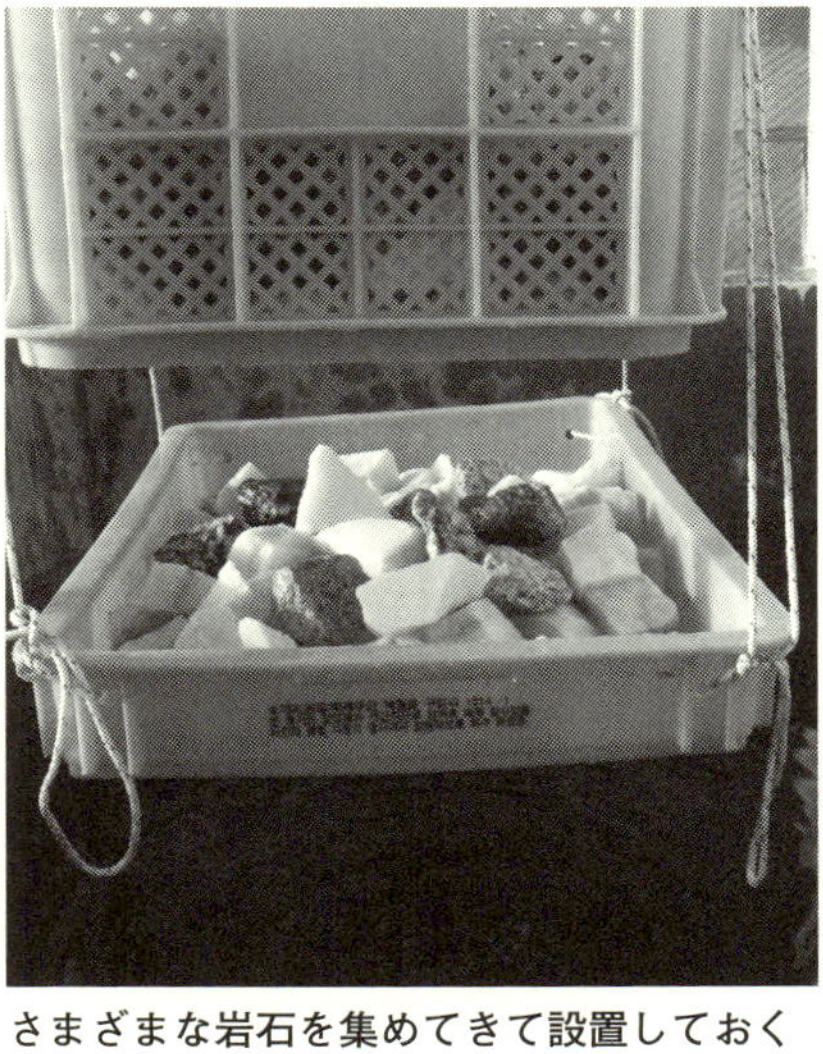

さまざまな岩石を集めてきて設置しておく

土がイオン化することによって電気的反発が起こり、土がふくれるわけだ。土がふくれあがると保水性がよくなり、水はけもよくなる。また、微生物の棲みかも大きくなる。土がふくれるということは、空気が入るわけだから、熱伝導が悪くなる。したがって、外の温度の影響を受けにくくなり、外が暑くても寒くても、土のなかは影響を受けにくい。

自家製ミネラル液の製造もできる。花崗岩や玄武岩、黒曜石、蛇紋岩、麦飯石など、いろいろな岩石を集めてきてネットに入れる。水を溜める水槽かタンクの中央に島をつくって、そこに岩石を置く。水槽の水をポンプで吸い上げて上から岩石に当たるように注ぐよう設置する。水は強く当たるのではなく、なるべくポタポタと注ぐ方がよい。山の水が周囲の石に当たるような環境を人工でつくるわけだ。

こうやってできたミネラル液に、土着微生物や、天恵緑汁、漢方栄養剤、海水などを混合して畑に散布すると非常によい。

またこの自家製ミネラル液は家畜の飲み水としてもとてもよいので、畜舎のそばに設置するとよい。

魚のアミノ酸

魚のアミノ酸は、魚のアラでつくった液のことである。作物のチッ素分が足りないときに与えると吸収がよい。また、あらゆる複合的な要素が含まれており、微生物の餌としても最高の資材である。

つくり方は、サバやイワシなどの背中の青い魚の頭や骨、内臓などのアラに同量の重さの黒砂糖を混ぜて浸け込む。二〜三日たつと発酵して液体が出はじめるので、そのまま二週間から一ヶ月くらい置いておくとできあがる。この液だけを取り出して使用するが、濾して動力噴射器のノズルに詰まらないように気をつける。自然農業では、下にコックがついた大きなタンクを使用し、下にいろいろな石を一〇cmくらい敷き、不織布《ふしょくふ》を敷いて、その上に仕込む。そうすれば、濾過《ろか》されてコックから液が取り出せる。

サバやイワシはタンパク質の形がよく、発酵させることによって分子構造が小さくなり、植物に吸収されやすくなる。

魚のアラ。魚はサバやイワシなどの青魚がよい

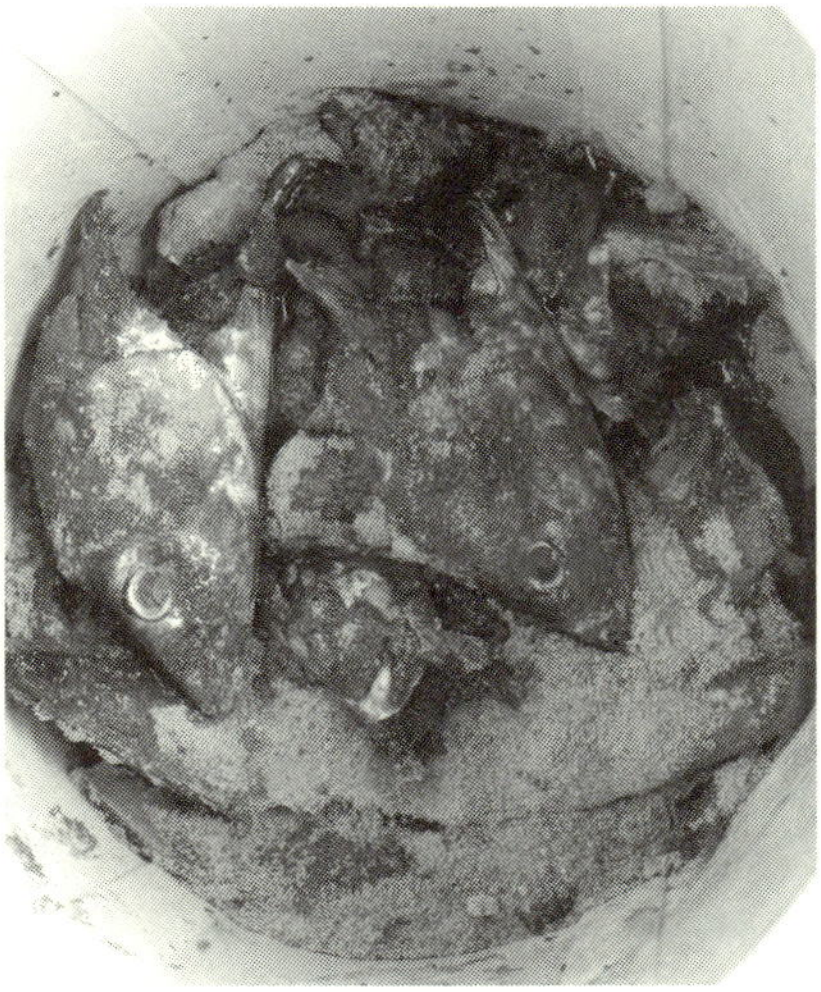

同量の黒砂糖と混合して液を抽出する

使い方としては、一〇〇〇倍に薄めて、土づくりに利用するために、堆肥やボカシ肥料をつくるときに加えたり、畑にまく。また、チッ素分を補給するために、天恵緑汁と一緒に少量加えて希釈し、葉面散布に使用する。また、良質のタンパク質で吸収もよいので、ときどき家畜に飲ませてもよい。

水溶性リン酸カルシウム

水溶性リン酸カルシウムは、牛など動物の骨を焼き、タンパク質や脂肪を落としたものを砕いて、玄米酢に浸け込んでつくる。栄養週期（周期）理論における交代期にはリン酸

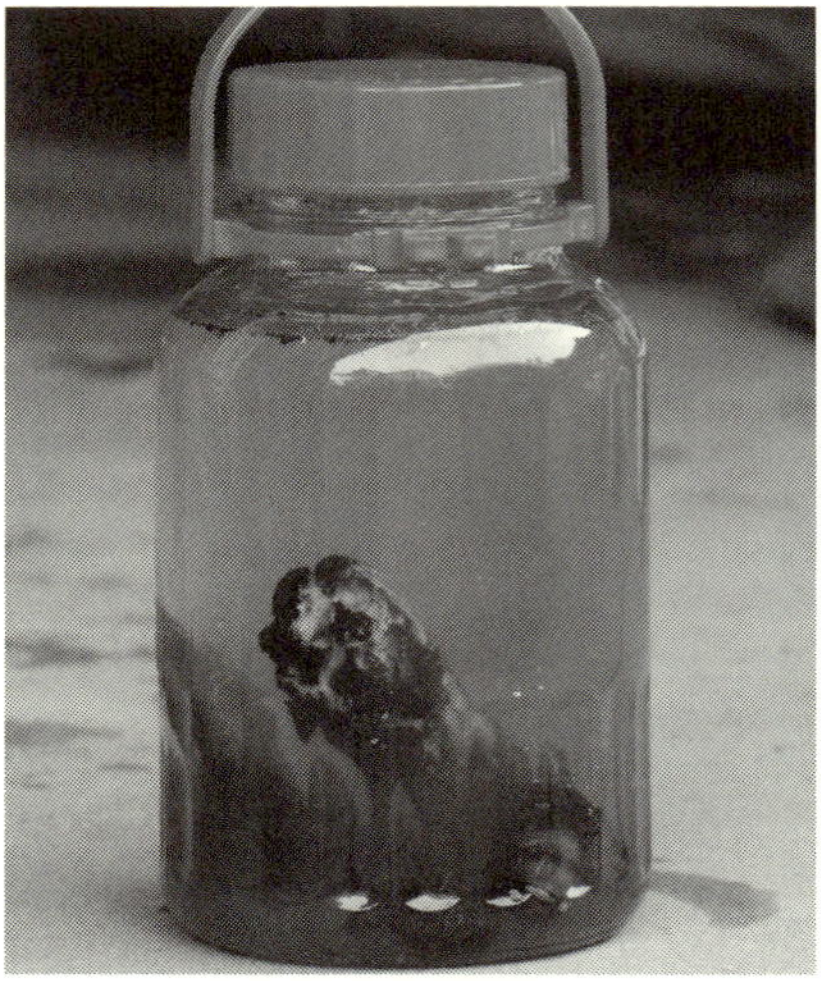

豚や牛の骨を焼いて、玄米酢に浸ける

農業用玄米酢。各種アミノ酸が豊富で、単独でもさまざまな場面で使用できる

が重要となるので、このさいに使う。

また、リン酸カルシウムはチッ素過多の抑制効果があり、曇りが多かったり、長雨が続き日照不足で光合成が十分でないときにも用いる。

使い方としては、一〇〇〇倍に薄めて葉面散布する。

水溶性カルシウム

有精卵の殻、カキ殻などを原料につくる。有精卵の殻を細かく砕き、フライパンなどを使い、弱火で煎る。焦がしてはいけない。煎ったものを玄米酢に漬けて、溶かして抽出す

卵の殻を砕いて、フライパンで焼く。弱火で焦げないように

玄米酢に浸けると、殻が容器のなかを上下する。反応がおさまったらでき上がり

る。玄米酢に入れると、殻が上がったり下がったり、反応する。この反応が止まったらできあがりである。

カルシウムは、生育後半期の肥培管理と糖度を高める働きがあるので、果実の収穫二〜三週間前に使うと糖度が上がり、充実した果実ができる。また花の色をあざやかにする働きもある。細胞壁を強くするので、イチゴの軟果防止やトマトの尻腐れ防止にもよい。

乳酸菌血清

乳酸菌は作物の葉の微生物バランスを整える働きがある。また、子豚の下痢止めなど、家畜の胃腸を整えるのにも使用する。自然農業では、乳酸菌も地域のものを採取して拡大培養する。

つくり方は、お米をとぐときの最初のとぎ汁を、カメに一〇〜一五cmの深さに入れる。口には障子紙のような和紙でふたをする。このまま日陰に置いておく。温度が二〇〜二五℃ぐらいでは、五〜六日で乳酸菌が付着し繁殖する。このとき糠と水が分離して、乳酸菌特有の酸っぱい味とにおいがただよってくる。

こうしてできた乳酸菌の液体を牛乳のなかに注ぐ。分量は牛乳一〇に対し一の割合である。すると栄養分豊富な牛乳によって繁殖旺盛になり、五〜六日するとデンプン、タンパク質、脂肪が浮いてくる。乳酸菌は淡い黄色の液体となり下に降りる。これを乳酸菌血清

発酵した米のとぎ汁を牛乳に入れてつくる乳酸菌血清

と呼んでいる。

上に浮いたものを取り除き、下の液を乳酸菌血清として使用する。これは冷蔵庫で保存でき、同量の黒砂糖を入れれば常温で長期保存もできる。

乳酸菌血清は、単独で使用するときは水で一〇〇〇倍に希釈して使用するが、天恵緑汁とともに使用してもよい。あらかじめ天恵緑汁の希釈液に原液を混合し、少し置いて乳酸菌を繁殖させてから使用すると、さらに効果がある。

乳酸菌には、殺虫剤や殺菌剤の散布で弱っている葉茎や、葉茎にいなければならない微生物（健全な葉には一平方cmに一〇万～一五万の微生物がいる）が減り、同化能力が落ちてしまったものを補う効果がある。

また、土着微生物を活用するとき、乳酸菌も一緒に活かせば、ボカシ肥料など最高のものになる。土着微生物は、放線菌などの好気性微生物が主で、乳酸菌はほとんどが嫌気性であるから、両方あると土が自然に耕されていく。

誘引殺虫剤（ほめ殺し）

無農薬あるいは低農薬で果樹を栽培する農家にとって、頭の痛い問題は害虫である。自然農業では、農薬、殺虫・殺菌剤を使用しない。害虫を化学農薬でなく、自然農業の資材で駆除するのも一つの方法である。しかし、駆除の前に、親である蛾や蝶をやっつけてしまうと、かなり楽になる。

誘引殺虫剤、別名「ほめ殺し」は、殺虫酒のことである。天恵緑汁とビールかドブロクをともに二〇〇倍に薄める。それを、窓を切り開いたペットボトルに入れ、何ヶ所かにつるしておくと、蝶や虫が集まってきて溺れ死ぬのである。

韓国の密陽でカキを栽培している李世榮《イセヨン》さんは、長年自然農業に取り組み、おいしくてりっぱなカキを無農薬で栽培している。彼は熱心な研究家で、栄養週期理論の実践者でもあり、韓国の自然農業協会では指導的立場にある。

その李さんが、ぜひ日本のみなさんにもすすめたいというのが、誘蛾灯設置による「ほめ殺し」の活用法だ。

誘蛾灯を利用している農家も多いと思うが、大事なのはその設置場所である。李さんはカキ園のある山のふもと付近に設置する。後ろに反射板をつけるので、山の上から蛾や昆虫の目を引きつけやすい。

「高いところに設置すると、虫は飛んで行かず、低い果樹の木のほうへ行ってしまう。逆に低い場所には高いところから集まって来るんです」と李さんは言う。

そのほかのポイントを紹介する。普通の蛍光灯ではなく、捕虫用の誘蛾灯でなければならない。また、誘蛾灯と反射板部分と下に設置するたらいに隙間がないこと。隙間があると、せっかく集まった虫が隙間から逃げていく。

時期としては、芽が出る時期から九月下旬、一〇月中旬くらいまで使用する。虫を集める下のたらいには、水を三分の二くらい入れ、食用油の廃油を紙コップ一杯分くらい混ぜておくと、蝶や蛾の羽に油がついて、飛んでいけずに死ぬ。

注意する点としては、風で倒れないように下を掘ってしっかり設置するか、できればコ

反射板のついた誘蛾灯を設置

タチウオなどの魚の頭を魚捕り用の網のなかに入れる

ドブロクと天恵緑汁を薄めて入れたペットボトル

ンクリートで固定したほうがよい。
「ともかく試してみたらわかります。ものすごく取れます。私は二町半くらいの農場で四～五ヶ所しか設置していませんが、この方法なら十分です」とのことである。

酵母菌

酵母菌は、発酵過程の最後を担当する微生物である。酵母菌により、糖分はアルコールと炭素ガスに分解される。この現象を発酵と呼ぶが、酵母菌は発酵過程において欠かすことのできないものである。

酵母菌は、新陳代謝を高める効果と毛細血管を拡張させる作用もある。また、各種の菌によって分解された有機物を、作物に有効なアミノ酸やホルモン、ビタミンなどに再合成する機能をもつ。

酵母菌はビタミン、核酸、ミネラル、ホルモン、脂肪酸などの多様な物質を体内でつくり出し、人間の体内では合成することのできない八種類の必須アミノ酸をつくり出す。このため、酵母の入っている発酵食品を多くとると健康になるのだ。さらに、化学肥料を分解する能力もすぐれている。

酵母菌の活用方法はきわめて広い。たとえば、植物が弱ったときや、細菌性の病害が発生したとき。また、台風や突風で枝や葉がひどく打撃を受けたときや、長雨や多湿で炭酸同化作用が落ちたときに用いるとよい。天恵緑汁など、ほかの自然農業の資材と混合して葉面散布するのが効果的だ。

家畜に対しても、食欲が落ちたり、元気がないときにとらせるとよい。

酵母菌のつくり方としては、まず、コウジ菌を利用する方法がある。米を蒸して、コウジ菌をまぶして五〇～六〇℃で甘酒をつくり、三〇℃以下になったら酒カスを混ぜて、常温で培養する。

また、ブドウやイチゴを利用する方法もある。ブドウ一kgに黒砂糖二〇〇～三〇〇gを混ぜ、三～四日間おく。カビが発生しないように、一日に一回かき混ぜ、下のほうから勢いよく気泡が発生するまで培養する。完成したら、液を精製し、精製された液を冷蔵庫か低温倉庫に保管しておく。

注意する点としては、材料のブドウやイチゴは洗わず、容器は必ず熱湯消毒したものを使用すること。また、容器は完全密封しないよう、ふたはゆるく閉め、雑菌や、ほかのにおいがつかないように別の場所に保管する。

温度（二三～二五℃）、湿度（七〇％）等、培養条件を一定に保ち、培養された菌は一定の温度（五℃）の冷蔵庫で保管する。最大一ヶ月は、保存可能だが、一週間以内に使用するのがよい。

との粉

との粉は、果樹に春と秋の二回、全体に散布すれば、ダニ、アブラムシ、カイガラムシなどが非常に少なくなる。分量は、水二〇ℓに三〇グラムが基準であり、多すぎないよう注意する。一緒に、種苗処理液（天恵緑汁、漢方栄養剤、玄米酢、ミネラルA液）を混合する。リンゴの腐爛《ふらん》病など、樹皮の病気にも、この処理で効果がある。

また、夏の日焼け対策として、水二〇ℓに二〇グラムを散布するのもよい。

との粉の活用目的は、汚染していない土（赤土）に含まれた各種微量要素の活用と、いまだ究明されていない各種微量因子（UGF＝未発見成長因子）の活用である。

また、すべての生命体の根本である土壌生命力を活かすことでもある。機械的分析ではなく、まだ究明されていない自然治癒力を活用することでもある。

との粉のつくり方は、材料として、赤土、水、容器だけである。

赤土の選び方であるが、しっかり握ってつかみ、水へ入れる。固まりのまま沈む赤土と散り散りになる赤土があるが、散り散りになる赤土がよい。

水二〇ℓに、この赤土二〜三kgを入れた後、攪拌《かくはん》機で混ぜた後、水に溶解した土の粒子を別の容器に注ぎ、赤土の水を静かに沈殿させる。完全に沈殿したら、上部の水を取り出す。沈んだ沈殿物を別の容器に移し、日陰で乾かす。日向で乾燥させると、使用時に溶解

「防虫効果があった」と喜ぶ金尚権さん。でき上がったキャノーラ油液（韓国）

しにくいので注意する。こうしてできたのが、との粉である。

キャノーラ油液

キャノーラ油液は、韓国の農家で使われている新しい自然農薬である。

華城のナシ農家金尚権《キムサンクオン》さんは、六〇〇〇坪のナシ園を無農薬で栽培している。ナシの栽培をはじめたのは六年前で、自然農業の取り組みは三年前からとのこと。韓国の農村振興庁発表の技術で試してみたところ、非常に効果があったそうだ。

材料は、キャノーラ油一・五ℓと、卵の黄身一五個分、それに水五〇〇ℓである。まず、卵の黄身一五個分に水二〇ℓを混ぜる。金さんの場合はハンドミキサーを使用しているそうだ。

これにキャノーラ油を少しずつ入れてはかき混ぜ、入れてはかき混ぜして混合する。すると、マヨネーズのような感じになる。最後に、残りのタンクの水のなかに入れて混合する。こうすると完全に混合できる。これをナシに散布する。量は葉っぱがびっしょり濡れるくらいたっぷりかける。

キャノーラ油液は、うどんこ病や灰色かび病、ダニ、アブラムシなど小さい虫の防除に効果がある。ナシなどの果樹だけでなく、野菜にも効果が高い。また、防除の意味だけでなく、葉っぱが厚くなって丈夫になる。栄養分としても非常によい。

コウジ菌

コウジ菌はデンプンを分解して、ブドウ糖や果糖である単糖類をつくる役割をもっている。また、微生物が好む糖をつくって、発酵の基本的な条件をつくっていく役割をもっている。コウジ菌は主に新鮮な山林の落ち葉の下に生息しており、山の腐葉土から採取した土着微生物にはコウジ菌が多い。

コウジ菌は「酵素の宝庫」と呼ばれており、コウジ菌を調べれば、現在知られている酵素はかならず見つかるともいわれているほど、たくさんの種類の酵素をコウジ菌は生産している。

さらに、コウジ菌の大きな特徴はその量にある。酵素は本来、生体維持のために生産させるものなので、必要な量があれば十分なはずだ。しかし、コウジ菌はアミラーゼやプロテアーゼなど醸造に必要な酵素を、自分が必要とする量の何百倍もつくり、細胞の外に分泌してしまう。また、コウジ菌はコウジ酸をつくり出すが、この酸には老化を防ぎ、若さを保つ働きがある。

コウジ菌の培養時期は、晩秋か初春が適当である。コウジ菌は低温発酵を好み、高温を嫌うので、この時期によく繁殖する。

培養法としては、二通りの方法がある。第一に山や畑からもってきた腐葉土や土で繁殖させる方法である。

まず、かためのご飯でおにぎりをつくる。このとき、砂糖・酢・醤油を同量混合したものを混ぜてにぎる。こうすると酸性が強くなって、ほかの酵母や菌が増殖するのを防ぐことができる。コウジ菌は酸に強いので酢を利用してコウジ菌だけを増殖させることができるわけだ。

できたおにぎりに腐葉土や土をまぶして、杉の箱か段ボール箱に入れ、光の入らないところにおく。低温（一五～三〇℃）―中温―高温発酵を通して増殖させ、乾燥させる。この間、約四八時間くらいである。

ところで、腐葉土は広葉樹の落ち葉が腐ったものである。微生物により、分解された有機質の土であり、栄養分が豊富で通気性や保水性がよい。微量要素も含んでおり、なおかつ軽い。

コウジの菌糸が発生したら、米糠と混ぜて水分を六〇～六五％に調節し、低温から中温度で、中湿度の環境を維持しながら培養する。あまり高く積み上げないように注意する。このとき、水に黒砂糖を少し入れると培養がよくできる。

コウジ菌は、発芽しながら熱を出すので、コウジの温度を均一にするため、広げたり切り返したりする作業を丁寧におこなう。次の日もコウジを薄く広げ、水分を乾かしながら温度の急上昇を防ぐ作業をする。湯気が上がったらコウジ菌がよく培養された印である。すぐ薄く広げ、手でかき混ぜながら、もう一度水分と熱を分散させて完成である。

第二の方法として、小麦、もしくは、栽培している大麦を使用して培養する方法がある。

小麦の全粒粉に水分を加えて練る。このときの水分は六五～七〇％が適当である。練ったら、中央に穴をあけてドーナツ型をつくる。一番下には稲わらと腐葉土、その次に杉の葉と乾燥させたヨモギ、その次にドーナツ型の麦団子を置く。これを繰り返して積み上げて、五～七日、涼しく雨の当たらないところで培養する。

コウジの菌糸が発生したら、くず米や米糠をふかして二〇～二五℃に冷ましたものと混ぜて水分を六〇～六五％に調節し培養する。このとき水に黒砂糖を少し入れてやると培養がよくできる。以降は、第一の方法と同じである。

コウジ菌の活用法の一つとして、農業用ドブロクをつくり、土壌基盤造成や灌注時に活用すると、ずば抜けた効果が見られる。さらに、各種の菌によって発生する病害に対して、すぐれた対処能力がある。とくに、うどんこ病に焼酎とともに使用すると、すぐれた効果がある。また、果樹に発生する病害にも効果を発揮する。

ところで、農業用ドブロクのつくり方であるが、まずは、米、クズ米、米糠などを入れてご飯を炊いた後、人肌まで冷まし、それにコウジ菌を培養したものを混ぜて練る。カメに、それを入れて水を入れる。このとき、水の量はどろどろの状態になる程度である。水が多すぎないように注意して、カメの三分の二程度の量にする。
それを五~七日間、常温で発酵させ、甘い味がしだしたら適当な状態である。そうなったら、カメを土に埋めるか低温倉庫で保管する。酸化して酸っぱくなる前に使用する。

炭のつくり方と使い方

炭の特性

炭は多孔質で表面積が広く、悪臭や雑菌の除去剤として浄水器や脱臭剤に利用される。また、鮮度を維持し、湿度調節剤として利用される。農業においては作物を害虫から保護する働きがある。また炭は陰イオンを発生させ、農薬などの重金属を分解する能力をもっている。

炭を粉にして土壌に活用すると、土着微生物の活発な活動とともに、酸素を供給するので、酸性に傾いた土壌をいち早く中和させる効果がある。また、砂質土壌では保水性と保肥性を高め、粘質土壌では通気がよくなり、排水性を高める。

炭のつくり方

炭のつくり方は一般的には窯《かま》で焼く方法だが、ここでは農家が畑で簡単に取り組める野焼き（穴焼き）の方法を紹介する。丸い穴を掘って炭の材料を焼くだけの原始的な方法である。

材料

剪定枝など乾いた木で、直径三㎝、長さ三〇㎝程度がよい。

つくり方

①直径一m、深さ四〇~五〇㎝ほどの丸い穴を掘る。
②穴に乾いた木の枝を敷き、火をつけ、穴のなかの壁土を硬くする。こうして穴の内部を十分に乾燥させる。十分に乾燥していないと失敗する。
③おき火をつくる。
④その上に炭の材料を載せる。
⑤小枝や葉を上に積む。
⑥その上をむしろやトタン板などで覆う。
⑦初め白い煙が上がって、だんだん刺激的な焦げ臭いにおいに変わり、その後は紫色の煙が上がってくる。この段階で土を上に盛る。
⑧この状態で一夜置いたあと、炭を取り出す。

使用方法

●三〇〇坪当たり一五〇kgが適当だが、最初いっぺんに入れてはいけない。土着微生物4

番を利用したボカシ肥料をつくり、順次入れていくようにする。ボカシ肥料には炭二〇〜三〇kg程度を混ぜて発酵させる。

●果樹の剪定した枝で炭をつくり、その果樹園にそのまま入れたり粉にして入れたりするのが最もよい。

●土着微生物4番を液化したものと、漢方栄養剤一〇〇〇倍、天恵緑汁五〇〇倍、玄米酢五〇〇倍を混合し、炭の上にたっぷりまいてやったあと、使用すると効果的だ。

ニンジン酵素土のつくり方と使い方

ニンジンの栄養と効能

ニンジンは、カロチンを大量に含んでいる緑黄色野菜の王様だ。英語のキャロットの語源はカロチンである。なかでもとくにβ《ベータ》カロチンが豊富で、抗酸化作用を発揮して活性酸素による害を防ぐだけではなく、体内で必要な量だけビタミンAに変わって、皮膚や粘膜を健康に保つ働きがある。α《アルファ》カロチンも豊富で、がん予防に効果が期待されている。

そのほか、食物繊維、ビタミンB_1、B_2、C、鉄分やカリウム、カルシウムなどのミネラルも多く含む。食物繊維は水溶性ペクチンで、便通をよくし、高血圧や動脈硬化を予防する。

鉄は造血を促し、血行をよくするので、貧血はもちろん、虚弱体質の改善や疲労回復にも役立つ。カリウムは体内のナトリウムを排泄して血圧を下げる作用がある。また、目の粘膜を強くするので、疲れ目や夜盲症、結膜炎を予防する。

ニンジン酵素土の特徴

ニンジンだけがもっている特徴を活かして、とても有用な酵素土をつくることができる。果菜類にはとくに効果がある。ボカシ肥料や発酵堆肥をつくるときに、間に五ｍｍくらい入れて重ねて積み込むと、発酵が早まり、よい肥料ができる。

ニンジン酵素土を使用すると根腐病、葉枯病がなくなり、根が丈夫になって台木も必要でなくなるほどである。

また、作物の貯蔵性も高くなり、香りがよくなる。

苗の床土として使用してもいいし、畑にそのまままいてもよい。また家畜の飼料にも活用できる。

元種のつくり方

材料と道具

少しかために炊いた白米のご飯丼一杯（二〇℃くらいに冷ます）、煮た大豆を丼一杯（二〇℃くらいに冷ます）、煮た大麦（または押し麦、丸麦）丼一杯（二〇℃くらいに冷ます）、砂糖を湯飲み一杯、小麦粉を湯飲み一杯、塩を湯飲み一杯、太いニンジン（頭の直径五～六㎝）二本の頭から一〇㎝をすりおろす、素焼きのカメ、ふたに使う紙、ゴムひも。

仕込み方

①小麦粉以外の材料をカメに入れてよく混ぜる。
②ぬるま湯を材料がひたるくらいに入れる。
③ゆっくり三回ほど上下にかき混ぜる。
④最後に小麦粉を何回かに分けて入れ、軽く三回ゆっくり混ぜ合わせる。
⑤ふたをしてゴムひもで縛り、直射日光の当たらないところに置いておく。
⑥翌日（一五時間後）、手を水でよく洗い、ふたを取ってブツブツと発酵して甘いにおいのするなかのコウジを軽く四回ゆっくりと混ぜる。（強く何度も混ぜると酸化するのでいけない）
⑦三日後、においも味もみそコウジのようになり、できあがり。
　元種ができて一〇日以内に土と混ぜ、ニンジン酵素土をつくる。どうしても元種を二ヶ月くらい置きたい場合は、塩と大豆を二割増しにしてつくり、わらなどに包み、土のなかに容器ごと埋めておくとじっくり発酵する。

ニンジン酵素土のつくり方

①ムシロかシートの上で元種と土（赤土がよい）を一：二の割合で混ぜる。砂土はよくない。

ニンジン酵素土のつくり方のポイント

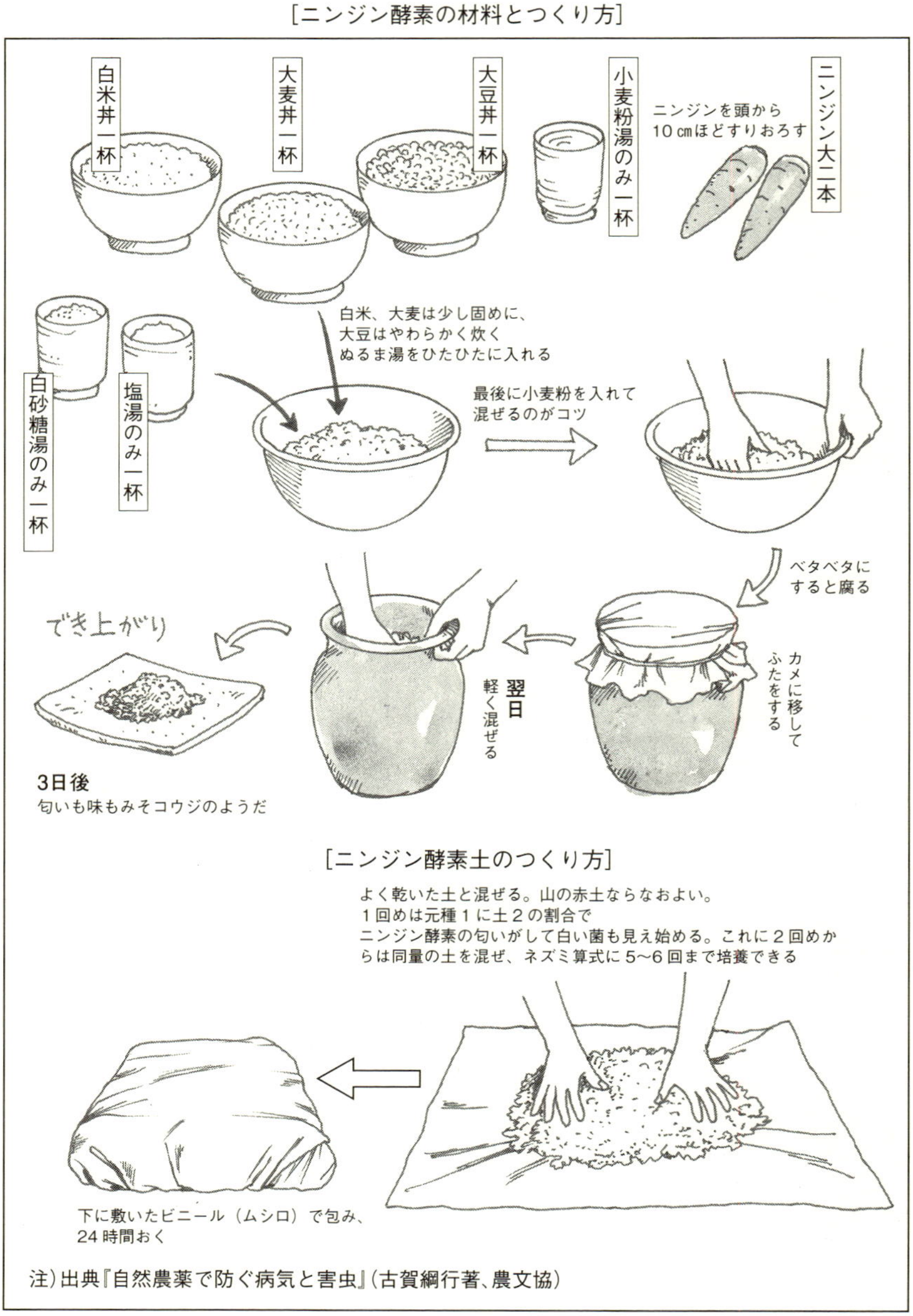

[ニンジン酵素の材料とつくり方]
白米丼一杯
大麦丼一杯
大豆丼一杯
小麦粉湯のみ一杯
ニンジン大二本
ニンジンを頭から
10㎝ほどすりおろす
白米、大麦は少し固めに、
大豆はやわらかく炊く
ぬるま湯をひたひたに入れる
白砂糖湯のみ一杯
塩湯のみ一杯
最後に小麦粉を入れて
混ぜるのがコツ
ベタベタに
すると腐る
カメに移して
ふたをする
翌日
軽く混ぜる
でき上がり
3日後
匂いも味もみそコウジのようだ
[ニンジン酵素土のつくり方]
よく乾いた土と混ぜる。山の赤土ならなおよい。
1回めは元種1に土2の割合で
ニンジン酵素の匂いがして白い菌も見え始める。これに2回めからは同量の土を混ぜ、ネズミ算式に5～6回まで培養できる
下に敷いたビニール（ムシロ）で包み、
24時間おく

注）出典『自然農薬で防ぐ病気と害虫』（古賀綱行著、農文協）

②赤土の水分が四〇～四五%に乾いたものを使用する。水分が多い場合は米糠を入れて全体の水分を六五～七〇%に調節する。やわらかめの粘土ぐらい。

③敷いたムシロで大きく包み込む。ビニールシートの場合は、コウジが息ができるようにゆるめに包む。畑でつくる場合は雨水が入らないよう、わらなどで雨よけし、まわりに排水溝をつくっておく。

④翌日にはみそのような甘酒のようなにおいがして、白い菌糸が発芽してくる。これがニンジン酵素土コウジの元種となる。

⑤この元種一に対して、土二を混ぜ、ムシロに包んでおくと三倍の土コウジができる。これを二回めからはコウジと土を同量ずつ混ぜ、増やしておく。二回めからは白い菌は見えないが土はやわらかくなる。
これを五～六回繰り返して六〇kgくらいの土コウジをつくる。

使用方法

●床土をつくるとき
●ポットの上層部にかぶせるだけでもよい
●苗を定植する本畑に使用
●種苗処理液にニンジン酵素液を混ぜて使用すると、効果がさらに上がる

麦芽糖のつくり方と使い方

大麦、サツマイモ、ジャガイモ、サトイモなどを使って麦芽糖をつくり、使用する。水飴などをつくるものだが、自然農業では農業資材として利用する。自然農業では大麦の麦芽糖をすすめる。

麦芽糖のつくり方

材料

大麦、薄い布、水、電気炊飯器またはジャー

つくり方

①皿に大麦を入れ、布をかける。もやしをつくるときのように水を毎日やり、一週間ほどおく。

②芽が出て、大きさが一cmほどになり、先が少し緑色になったら、ムシロに広げて天日で干す。

③乾燥したら、つぶして砕く。

④砕いたものに水を注いで混ぜ、発酵させる。発酵した水を濾す（濁った水）。

⑤炊いた固めのご飯二～三杯に④の水を混ぜて電気炊飯器に入れ、保温する。温度は五〇

℃くらいで五～六時間ぐらいおく。長過ぎると腐ってしまう。
⑥ご飯はそのままで、汁だけ取り出し、弱火で二〇分くらい煮て、できあがり。

使用方法

●麦芽糖二ℓを水一〇〇ℓに混合（五〇倍）
自然農業の農業資材とともに、処方に従い混合して使用する。酵素の働きで稲わらの分解が速くなる。
●葉枯病、根腐病、軟腐《なんぷ》病などに効果的
●作物の初期生長に生理的または環境（低温・高温）に大きな打撃を受けたとき
●家畜の消化不良や食欲が落ちたとき

海水

海水は溶け込んでいる成分のうち最も多いものは塩化ナトリウムであり、これが七七・七四%。以下、塩化マグネシウムの一〇・八九%からホウ酸までの九種類が主成分である。しかし、バナジウム、ランタン、スカンジウム、プロトアクチニウムなど、微量元素まで含めると九一種類を超える。九一以上いくつあるかというと、さらに微量の微量で検出の方法もないくらいだそうである。

自然農業では海水をおおいに活用している。よく「海が遠いので塩を替わりに使ってもいいですか」と質問されるが、どんなによい塩といわれるものであっても、塩水では魚は生きていけないことを考えてみてほしい。今の科学では分析できないが、海水には生命力の源が含まれている。

海水は基本的には三〇倍に希釈して、天恵緑汁などとともに散布する。

さらに、海水そのままではなく、海水を発酵させたものも活用している。これは夏の暑さ対策によい。海水と天恵緑汁（五〇〇倍）にお米のとぎ汁（五〇〇倍）を入れた水で一対三〇にしておく。

気温が二〇～二五℃くらいだったら三日くらいで発酵する。初めは澄んでいるが三日くらいたつと濁ってくる。

このときが使用のタイミングである。これを豚や鶏、作物にもやる。果樹にも本当にいい。そこに漢方栄養剤とリン酸カルシウムと玄米酢、ミネラルA液を混ぜて散布したら非常に効果が高い。

ただし、この混合液は日持ちしない。時間がたつと微生物の死骸が上がって表面に白い膜ができる。そうなったらあまり効果がない。

第３章

■

作物ごとの栽培と基本資材使用法

基本資材の徹底使用で効果がわかる

キュウリ

〈果菜類〉ウリ科　露地栽培

いまでは周年供給されるようになったキュウリだが、本来は夏場が出盛りの果菜類である。さっぱりした香味が持ち味。果菜類のなかでは栽培しやすく、たくさん実もつける。

立ちキュウリと地ばいキュウリがあるが、ここでは、小関恭弘さん（山形県）の立ちキュウリの露地栽培を紹介する。

作型と品種

種まきは5月1日、植えつけは6月1日、収穫は7月1日～9月1日を目安としている。

品種は、河童盛夏、つばさ胡瓜。

自然農業の栽培ポイント

- 土づくりは、同じウリ科との連作を避け、秋にライ麦をまき、春に倒して浅く耕起しておく。
- 小さいうちは夜温15℃以上、幼苗期は18℃以上が望ましい。水分が不足すると生育不良になりやすいので、水やりはたっぷりと。
- 肥料は、土着微生物を培養してつくった自家製ボカシ肥料（竹パウダー、畑の土を混入）を施す。また、摘果した実で天恵緑汁をつくる。
- 苗のうちから、根がからみ合うようにネギと混植すると病害虫の予防になる。
- 虫がつく場合は、ほめ殺しや粘着シート、または粘着板を利用する。
- 露地栽培では排水対策も重要。水やりを十分おこなうようにし、根元と畝全体の水分調整をする。
- なるべく直射日光が当たるところで育てる。茎葉がもろく折れやすいので、強風に注意が必要である。
- 白根キュウリはケイ酸の供給を十分にする。

〈果菜類〉ウリ科　施設栽培
キュウリ

園田崇博さん（熊本県）のキュウリの施設栽培を紹介する

作型と品種

〈促成栽培〉種まきは11月中旬、植えつけは12月中旬、収穫は1月中旬～5月末。
〈抑制栽培〉種まきは8月上旬、植えつけは8月中旬、収穫は9月中旬～11月末。
品種は、ズバリ１６３。

自然農業の栽培ポイント

●苗づくり：播種当日、種子を種子処理液に2～3時間浸す。

種子処理液はワカメの天恵緑汁、玄米酢、海水を混合したものを使用する。

種まき後は第一リン酸カリウムを足した種子処理液を散布する。種をまいて約1週間後、接ぎ木する前日も第一リン酸カリウムをプラスした処理液を散布する。こうして接ぎ木すると、堅くなって接ぎ木しやすく、その後の生育がよく、しっかりとした苗ができる。

●植えつけ：植えつけの前日か2日前に種苗処理液を散布する。処理液は一つの植え穴に１～１・５ℓを目安に、１～１・５ｔ／反使用する。

植えつけ後、翌日か2日後に種苗処理液を散布する。

●肥培管理：元肥として、植えつけ2週間前くらいから準備した土着微生物5番を、１週間前くらいに、５００kg／反くらいやっておく。

地面から30cmくらいまでの花は落とす。最初の側枝についた一番花の芽がついて、ピンチをする（生長点を摘む）前に交代期処理をする。抑制のときは20日後くらい、促成のときは25日～30日後くらいの時期になる。

交代期処理液は、キュウリのわき芽の天恵緑汁、玄米酢、海水、リン酸カルシウムとミネラル分を溶かした上澄み液を混合して散布している。処理液の量は100～150ℓ／反で、月に2回ぐらい、定期的におこなっている。

追肥は、植えつけ後、市販の有機肥料（8・6・6）を80kg／反やり、その後は土着微生物5番を100kg／反、2回やる。追肥の土着微生物5番は抑制栽培の場合は株元の表面にやるが、促成栽培の場合は、ハウスを閉めきっているので、ガスが出ないように、株から少し離れたところに穴をあけて、その中に入れて埋める方法をとっている。

キュウリはⅡ型―Ⅱ型―Ⅲ型と繰り返す。ハウス栽培は換気を十分とること

キュウリは栄養週期（周期）の型でいうと、Ⅱ型―Ⅱ型―Ⅲ型を繰り返していくので、そのように導いていく肥培管理が大事である。灌水チューブからの液肥もアミノ酸液や天恵緑汁（1ℓ／反）を、キュウリの様子を観察して、おこなっている。

●虫よけにはニンニクの焼酎漬け液を散布している。満月、新月に虫の働きが活発だと聞いたので、散布は大潮の後、最後の日から3日間におこなっている。また、樟脳を溶かした液も使用している。

2月末まではこれらの処置で病虫害は対処できるが、3月に入ると虫が増え、対処がむずかしくなる。

現在、園田さんは3月から5月までのキュウリには農薬を使用しているが、全期間、無農薬栽培するためには、この時期の虫対策が課題だと言っている。

〈果菜類〉ウリ科
スイカ

夏の風物詩ともいえるスイカは、90%が水分で残りが糖分という果実的野菜。微量なビタミンやミネラルを豊富に含む。スイカの赤い色であるリコピンは、体内の活性酵素を抑制する働きがある。

ここでは、内田美津江さん（千葉県）の露地栽培を紹介する。

作型

種まきは3月下旬、植えつけは5月初旬。交配は6月初旬、6月下旬には、形のよいもの二つを残し摘果。7月下旬から8月上旬にかけて収穫。日焼けを起こさないように、収穫間近のスイカは敷きわらや新聞紙で覆っておく。

5月下旬から7月中旬まで、必要に応じて4回ほど殺虫・殺菌の混合農薬を散布する。

自然農業の栽培ポイント

- 4～5年、小麦、トウモロコシの輪作をして、ウリ科をつくっていない畑に植えること。
- 施肥は、植物性が主なものを１５００kg／10ａ、カキ殻石灰50kg／10ａを、冬に土を起こしておいてから入れておく。
- 植えつけ2週間前に、土着微生物5番を３００kg／10ａを全面散布、乾燥豚糞２００kg／10ａ、リン酸としてマドラ・グアノ80kg／10ａなども散布。
- 交代期処理は、時間の余裕がなく、やっていない。
- スイカはお天気草。空梅雨で天気がよければ病気にもならず、伸びる。水やりは必要なし。
- 雌雄異花なので、朝8時～10時に花粉を雌花の柱頭（雌しべ）につけ、子蔓の16～24節につく雌花の2～3番果につける。元なりの雌花にはつけない。
- 病害虫対策で化学農薬を使用し、初期のアブラムシの発生を遅らせる。ニーム粉末を植えつけ前に散布してからマルチング（資材は、緑色マルチ）は雑草防除できるのでおすすめ。

〈果菜類〉ウリ科
メロン

メロンはウリ科の植物で、在来型のマクワウリや温室メロン（マスクメロン）など、多くのタイプ、品種がある。

果実的な夏野菜。高温を好み、15℃以下では生育がむずかしい。また、日当たりのよい場所を好む。果実の糖度を上げるためには、収穫期まで葉の生育に注意する。

ハウスでも露地でも栽培できるが、ここでは宮崎憲治さん（千葉県）の露地における地ばい栽培を紹介する。

作型と品種

種まきは2月中旬におこない、植えつけは4月初旬。交配を5月中旬におこない、収穫は7月中頃。

品種は、アムスメロン。

自然農業の栽培ポイント

- 種を種子処理液に3～4時間浸けてから種まき。
- 畑は、水はけのよいところを選び、植えつけ前の元肥には石灰を混ぜる。
- メロンは根が弱く、梅雨の過ごし方がポイント。温度・湿度管理も重要である。
- ダニ、アブラムシ、うどんこ病など病害虫の防除は、基本的にトマトと同じ。梅雨には殺菌剤を用いる。
- 一株の蔓を二本仕立てにし、2個ずつ計4個残してつくる。このつくり方だと、味にばらつきがなくなる。収穫前にはカルシウム、海水を葉面散布する。

〈果菜類〉ナス科
トマト

家庭菜園でもポピュラーなトマトは、ビタミンCが豊富でサラダなど生食用中心とはいえ、調理・加工用にも利用される。果菜類のなかでは強い日ざしが必要。日照が足りないと軟弱・徒長（弱々しく細長く生長すること）となる場合もある。

大玉、中玉、小玉（ミニ）など大きさの違うものや、果実の色が違うものなど品種も多様だが、完熟系では桃太郎（タキイ）、おどりこ（サカタ）、甘太郎（むさし）などが育てやすい。

ここでは、澤村輝彦さん（熊本県）の施設栽培を紹介し、さらに宮崎憲治さん（千葉県）の取り組み例を加える。

作型と品種

促成栽培では、種まきは8月におこない、9月中旬に植えつける。収穫は、12月から5月まで。また、種まきを9月におこない、10月下旬に植えつけるものもある。こちらの収穫は、2月から6月までとなる。

半促成栽培では、種まきは11月におこない、1月下旬から2月上旬に植えつけ。収穫は8月末から6月。黄化葉巻病対策で熊本県の取り決めで6月までに終了することになっている。

品種は、マイロック（サカタ）とCF桃太郎はるか（タキイ）。

ツヤがあって甘いトマト

左は澤村さんのトマトを加工してつくったジュース（右は米焼酎）

自然農業の栽培ポイント

●苗づくりの床土は野草堆肥を使用する。野草堆肥は、野草を刈り取ってきて積み、2年かけて腐熟させたもの。その野草堆肥1tに対して、赤土を1t、土着微生物5番を30〜40kg混合してつくる。

●種まきしたあと、天恵緑汁と玄米酢を入れた種子処理液を散布する。加温はしない。育苗期間中も、天恵緑汁、玄米酢を3〜4回くらい散布する。

●畑の準備として、野草堆肥を1反当たり3〜4tまき、土着微生物5番を300kg／反、全体にまいて基盤造成する。耕耘したあと、畝を立てる。稲わらのマルチは全面を広げておこなう。

●そのほか、虫対策として、目の小さいネット（0・6mのメッシュ）をハウスに張る。

●植えつけの当日は、天恵緑汁を灌水し、畑に土着微生物5番をまく。5番の内容は、土着微生物4番に、魚粉100kg、菜種カス100kg、米糠500kg、赤土1t、カニ殻100kg、カキ殻粉末200kg、グアノ100kgを加え、天恵緑汁と海水（30倍）で水分調整して発酵させたものである。

●植えるときは植え穴を開けないで、苗をそのままのせる程度にする。こうすると発根がよく、その後の活着もよい。植えつけ後、畑にも種苗処理液を散布する。

●生育期間は、水分を控える。

●交代期処理は種まき後、40日めごろの時期（育

通路も全面稲わらマルチのトマトハウス

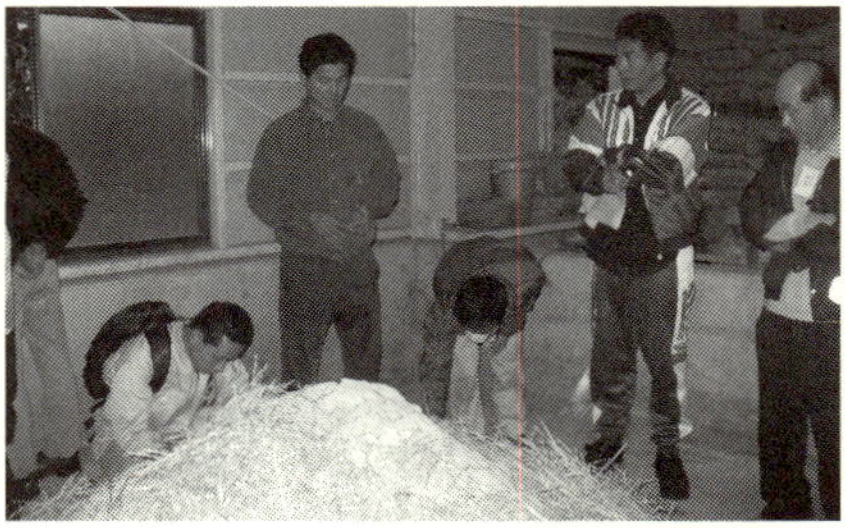

土着微生物でボカシ肥料を製造（中央が澤村輝彦さん）

ハウスで趙漢珪氏の指導を受ける澤村さん

澤村さんのトマトはJAS有機の認証を受けて、有機農産物の流通会社を通して売られている

苗は上に置き、周囲から土を寄せる程度にし、根の発達をうながす

苗期間中）で、一番花が咲く前におこなう。処理液は、第一ＰＫ（第一リン酸カリ）、第一PCa（第一リン酸カルシウム）を散布する。肥料は土着微生物５番である。内容は、魚粉１００kg、油カス１００kg、カニ殻１００kg、カキ殻２００kg、米糠５００kg、グアノ１００kg、赤土１ｔを混合して発酵させたものである。

●交代期処理液はグアノ30kg、リン酸カルシウム、ミネラルの市販のもの（ライフグリーン）30kg、水３００ℓに天恵緑汁を混合したもので、植えつけ前に２～３回散布する。

●本畑では樹勢を見て、強い場合はチッ素分を入れない。点滴灌水する。

●トマトの栄養週期はⅡ型—Ⅲ型—Ⅱ型—Ⅲ型と繰り返していくので、Ⅱ型は液肥で処理し、Ⅲ型は交代期処理液でおこなう。

●澤村さんは15段まで収穫するので、追肥は２００～３００kg／反を３回やるが、８段までのものは１～２回やる。

●病虫害対策としては、土壌の微生物バランスが崩れることが、病気を起こす原因になるので、土着微生物や自然農業資材を使用して、土壌のバランスを保つことがいちばんの病気対策である。

●黄化葉巻病対策として、天恵緑汁、漢方栄養剤、玄米酢、リン酸カルシウム、ミネラルを定期的に葉面散布している。澤村さんは2～3回に1回漢方栄養剤を入れる。

●灰色かび病の対策には、生物殺虫剤を使用している。カリウム不足が原因で起こる場合もある。梅雨どきに出やすいので、晴れた日に海水を散布する。

●葉かび病は、麗夏、マイロック、CF桃太郎はるかなど葉かび病に強い品種を選択することで対処している。

●疫病はハウス内の換気に努めれば防げる。寒い時期でも換気はおこなう。また、冬場は肥料のチッ素分を減らすことも対策の一つだ。水も控え、その代わりに葉面散布で水分補給を兼ねている。

●褐色根腐病は稲わらマルチや納豆菌の活用で防いでいる。

宮崎憲治さんの栽培例

半促成栽培

●種まきは、1月中下旬のよい日を選んでおこなう。床土は、腐葉土に山土を混ぜて使用（50穴のトレイを使用）。植えつけまでに2～3回、処理液を散布する。

●植えつけの準備（2月中旬）。ボカシ肥料100kg、堆肥300kg、米糠を加え、土着微生物を使用して発酵させたもの（土着微生物3番）

宮崎さんのトマトは連作障害がない

宮崎さん夫妻

宮崎さんのトマトは有機農産物の流通会社をとおして売られている

600kgを施し（10a当たり）、浅く管理機で耕す。ポリで全面マルチをする。
●植えつけは3月5日～10日。種まき後35～40日くらいで種子処理液にドブ浸けし、午後3時ころまでに植え終わるようにする。ハウス（トンネル1重）内は、無加温。
●交配時期は3月25日～5月10日。低温期はホルモン処理をするが、4月10日ごろからマルハナバチを利用。第1花房の開花前よりトマト天恵緑汁500倍、第一PCa500倍、玄米酢500倍、漢方栄養剤500倍を施す。収穫半月前から海水30倍を7～10日おきに散布。樹勢が強いときには天恵緑汁を控える。また、雨や曇りが続くときは味が落ちるので、黒砂糖発酵液を散布。

抑制栽培

●種まき（6月20日）後の管理は、半促成栽培と同じ。半促成栽培の残滓を外へ出し、十分灌水してからボカシ肥料、土着微生物3番をハウスのなかで土と混ぜ合わせ、一昼夜おいて発酵させて施し、稲わらマルチをして植える。
●植えつけ（7月20日）後の管理も半促成栽培と同じ。交配時期は8月13日～10月10日ごろ。全期間、マルハナバチを利用。

〈果菜類〉ナス科
ナス

ナスは品種が多く、地方色も豊かである。原産地はインドだが、日本の風土によくなじみ、漬け物や煮物から焼いても炒め物でもおいしい。高温を好み、夏の暑さには耐えるが、そのぶん早植えには注意が必要だ。晩秋まで収穫できるが、日照が足りないと発色不良となるので、果実に日が当たるように葉を取り除くことが大切である。

露地、施設いずれでも栽培できる。ここでは内田美津江さん（千葉県）のトンネル栽培を紹介する。

作型と品種

種まきは2月中旬におこない、植えつけは4月下旬。収穫は6月下旬から9月下旬までできる。

品種は、築陽を使用。

自然農業の栽培ポイント

- 畑には、堆肥は1500kg／反とたっぷりやっている。カキ殻も40kg／反まいている。土着微生物5番を300kg／反やっている。
- 梅雨は追肥（ボカシ肥料）、敷きわら、側枝を支える支柱立てなど、晴れ間を見てきちんとおこなうことも大切だ。
- 収穫するときのポイントとしては、大きくなりすぎるまで実をつけておかないことが大切で、ほどよい大きさでかならず収穫する。
- 雑草対策としては、緑色のマルチを敷いている。
- ナスは日本の風土に合った植物なので、栽培はむずかしくない。ただし、風をきらうので畑のまわりにソルゴー（飼料用のモロコシ。アブラムシよけにもなる）をまいている。

〈果菜類〉ナス科
ピーマン

ピーマン、シシトウ、トウガラシは同じ仲間、育て方も同じ。色も品種も豊富で育てやすい。ピーマンはナス科のなかで、いちばん太陽光線を欲しがる作物。植えつけは日当たりがよく、排水のよい畑に。

風には弱いので、まわりにヒットソルゴー（丈の低いソルゴー）をまいておくとよい。収穫直前は枝折れしやすいので、支柱をこまめに手入れする。

ここでは内田美津江さん（千葉県）の露地（トンネル）栽培を紹介する。

作型と品種

温床ハウスへの種まきを2月中旬におこない、仮植えは3月初旬、鉢取りは3月下旬。5月初旬には植えつけしトンネルがけ、5月下旬にはトンネルをはずし、わき芽かきをおこない、支柱を立てる。6月中旬には交代期処理をし、7月に入ってから追肥、6月末から10月まで収穫できる。

品種は、エースピーマン、京みどり、セニョリータ赤・オレンジ。

自然農業の栽培ポイント

●植えつけたあとは、水やりの必要なし
●施肥は、堆肥１５０kg／10ａ、土着微生物５番２００kg／10ａ、マドラ・グアノ80kg／10ａ、天然苦土40kg／10ａ、カリ40kg／10ａ、乾燥豚糞（または鶏糞）３００kg／10ａ、カキ殻石灰50kg／10ａ。
●交代期処理として、天然カルシウム（１０００倍）、玄米酢（５００倍）、漢方栄養剤（５００倍）、天恵緑汁の混合液を、梅雨の晴れ間に続けて2回葉面散布する。
●畑のまわりに、ソルゴー、バジル、コスモスを植えつけており、病害虫対策はとくにしていない。
●植えつけのときは、緑色のマルチを利用。活着をよくするため、穴あきポリエチレンフィルムも利用している。

〈果菜類〉マメ科

インゲンマメ

生育期間が短く、何回もつくれることから三度豆とも呼ばれる。豆類のなかでは温度が高いのを好み、霜には弱い。ほかの野菜との間に植えてもいい。水分に敏感なので、水やりと排水には注意。

内田美津江さん（千葉県）のトンネル栽培を紹介する。

作型と品種

夏採りの場合、種は直《じか》まきで4月中旬から5月中旬におこない、6月中旬から7月末まで収穫。秋採りは、7月下旬にまき、9月下旬から10月中旬まで収穫する。

品種は、ケンタッキーワンダー。

自然農業の栽培ポイント

インゲンは肥料のやり過ぎに注意

●30㎝穴のあいているマルチングをして種まきをする。

●肥料は、100kg／10a、カキ殻石灰40kg／10aを入れる。

●水やりの必要はない。

●夏採りの場合は、アブラムシなどの害虫が多く無農薬はむずかしい。虫にやられた場合は引き抜いてしまう。肥料の入れすぎに注意する。

●秋採りは、涼しくなってくるので虫害は少ない。

〈果菜類〉マメ科 エダマメ

大豆を未熟なまま収穫したものである。ビールと相性がいいのは、収穫期が盛夏で、タンパク質やビタミンAが豊富だからでもある。

家庭菜園でもよくできるが、開花してから夏にかけて水分が不足すると、実が入らなくなる。昼夜の温度差があるほど質も量もよい。ここでは、志藤正一さん（山形県）のエダマメのなかでも人気が高いダダチャマメの栽培方法を紹介する。

土着微生物のボカシ肥料をやって連作障害もなく、収量も安定（山形県・志藤正一さん）

ちなみにダダチャマメは、鶴岡市周辺で古くから栽培されている茶香《ちゃかおり》エダマメのことで、味と香りが特段にすぐれていることで知られている。

名称の由来については諸説あるが、当地では一家の主や父のことをかつて「ダダチャ」と呼んでいたことから、エダマメのなかで風味最たるもの、りっぱなものとして、そう呼ばれたのではないかといわれている。

作型と品種

移植用の種まきは、4月15日から5月20日の間で、収穫は7月末から8月末。直まきの場合は、6月初旬から下旬に種まきをして、9月初旬に収穫。

品種は、在来種の、小真木《こまぎ》、長四郎《ちょうしろう》、甘露《かんろ》。改良種（地元種苗会社）の庄内1号、庄内3号、庄内5号。

こんなに実がびっしりついている

株の周囲にボカシ肥料がまかれた状態

自然農業の栽培ポイント

●庄内のエダマメ（ダダチャマメ）の場合、直まきよりも移植したほうが味がよい傾向にあるので移植を主体にしている。
●育苗には元肥は入れない、粉砕もみ殻を中心にしている。
●畑には、前年の生育状況を参考に、元肥を多すぎないようにまく。堆肥、貝化石、草木灰、カキ殻石灰などが主体。栽植密度は、85cm×25cmである。
●追肥および交代期処理として、ボカシ肥料を散布（ボカシ肥料内容：米糠、マドラ・グアノ、有機コロイド、ボカシ大王、カニ殻）。
●散布期・量：本葉6葉期、2回めの培土に合わせて、150kg／10aを畦《あぜ》の両側に筋状に散布。散布後、2回めの中耕をおこなう。
●除草は3回の中耕培土でおこない、マルチはしない。

〈果菜類〉アオイ科
オクラ

ビタミンなどの栄養素に富み、さまざまな食材に利用される。花も観賞用になる。果実は収穫の時期を過ぎると、表面の粗毛が大きくなり食味を損ねる。温度は高いところを好み、高温でぐんぐん伸びる。乾燥にも比較的強く、土壌水分の多いところも耐える。ただし、寒さには弱く10℃以下では生育しないので、暖かくなってから、マルチングとトンネルがけを準備して種まきをする。内田美津江さん（千葉県）の栽培方法を紹介する。

オクラは栄養価に富み、用途が広い

作型と品種

種まきは直まきで、５月中旬におこない、６月初旬、本葉５～６枚になったら、トンネルをはずし一本にする。６月末には追肥と敷きわらをする。

収穫は７月中旬から、10月初旬までおこなえるが、自家採種用の株は９月上旬で収穫をやめる。

品種は、八丈オクラ。

自然農業の栽培ポイント

- 水やりの必要はない。
- 施肥は、堆肥１５００kg／10ａ、土着微生物５番２００kg／10ａ、マドラ・グアノ40kg／10ａ、カリ40kg／10ａ、天然苦土30kg／10ａ、カキ殻石灰40kg／10ａ、乾燥豚糞１５０kg／10ａ。
- 交代期処理、病害虫対策はとくにしていない。

〈葉茎菜類〉アブラナ科
ハクサイ

近年、周年出荷される野菜へと変化してきたが、やはり出盛りは漬け物用としての需要の多い晩秋から冬期。繊維のやわらかさ、淡白な味わいが特徴である。

ここでは、作本征子さん（熊本県）の栽培法を報告する。

作型と品種

種まきは、7月25日～26日、植えつけは8月末、収穫は早生の場合、11月初旬～中旬、晩生の場合、翌年1月初旬～中旬となる。

品種は、黄ごころ。

自然農業の栽培ポイント

●本畑の準備：「何よりも土づくりが肝心。土さえできれば、あとは苦労しないで野菜ができる」と言う。作本さんは、除草対策も兼ねて、太陽熱消毒（第1章83頁の抑草法に詳しく掲載）をおこなっているが、梅雨あけ後、7月初旬に畑の草を切って枯らしたあと、畑にすきこむ。

7月末に土着微生物の4番・5番をまいて、畝を立て、黒マルチをする。すると太陽光線と発酵熱でマルチの中の地表の種は死んでしまう。同時に有機物と土着微生物の働きで地中は土壌改良され、種を育てる土がつくられる。

一ヶ月ほどして8月末に黒マルチをはいで、植えつける。こうすることで、草は生えず、苗が育ち、地中の種の草が伸びてきても、ハクサイの陰で育たないので、生育に影響しない。

●苗づくり：床土づくり：作本さんは苗床の床土も自家製だ。一般的に「練り床」と呼ばれる土を使用する。

まず、床土を前年の9月ごろから準備しておく。床土は稲わら（15㎝くらいに切る）、ヨシ、落ち葉（針葉樹でも広葉樹でもよい）、米糠とニ

作本さんのハクサイは甘みがあって、生でもおいしい。漬け物、サラダ、鍋、煮物など、なんに使ってもおいしい

ンジン酵素土を入れた赤土を交互に積んでおく。そのときミネラルA液（１０００倍）と天恵緑汁を入れた水を上からかけながら積み重ねる。雨のあたらない場所に積む。１ヶ月か１ヶ月半たったら、切り返す。

この作業で材料が混合され、さらに発酵がすすむ。切り返し作業は期間中2〜3回おこなう。６ヶ月以上たつとボロボロの土になる。

5月ごろ、腐葉土を山から持ってくる。赤土は乾かしておく。赤土の量は全体の60%ぐらいだ。7月20日ごろ、準備した床土と腐葉土をふるいにかけ、同じくふるいにかけた赤土と混合する。植えつけ当日、その混合した床土に水を混ぜてトロトロにする。これで練り床のできあがりだ。

作本さんは55穴のトレーを使用しているが、そのトレーにトロトロの練り床を入れて、表面を平らにする。2〜3時間して、少し乾いたら、指で穴をあけて1粒ずつ種をまく。

●種子：種は、種まき当日、自然農業種子処理液に2時間ほど浸しておく。ざるに上げて乾かしたあと、小麦粉（地粉＝地場産の小麦粉）をまぶす。こうすると、種が白くなるので、1粒ずつ種をまいたことがわかりやすくなるからだ。

●覆土：床土をさらに目の細かいふるいにかけてサラサラの土にしたもので覆土を準備する。覆土は種の1・5倍の量を目安にかける。

●種まき後は、夏なので直射日光と熱を避けるために寒冷紗をかけておく。1日半か2日して芽が出たら、寒冷紗ははずす。芽が出たらすぐはずすのがポイント。遅れるとひょろひょろのモヤシのような苗になってしまう。寒冷紗をはずす時間は、日の出前の暗いうちか、夕方にし、日中はさける。

種まき後、2日くらいで種子処理液を上からかける。その間は水をやらず、種の力と床土の水分だけで育てる。このとき、水をやりすぎてはいけない。種まき2日後の処理液の量も床土が濡れる程度の量にする。

翌日からは毎日水をやる。この水やりの方法が飲み込めたら苗づくりは万全という。水の量や時期が大事なのだ。

●植えつけ：畝に植え穴をあけ、その穴に種苗処理液をかける。土ができていないと固くて、液があふれてしまうが、土ができてくると、この処理液がじわっと染み込んでいくようになる。次の日が雨の予報ならば、苗をそのまま置くだけで、覆土はしなくてよい。根の力だけで活着させる。しかし天気がよい日は覆土をしてやる。

●肥培管理：活着して1週間～20日ごろ、追肥する。追肥は土着微生物5番だ。次に9月の中旬～下旬にかけて、葉が立ち上がるとき、交代期処理をする。処理液は天恵緑汁、玄米酢に水溶性リン酸カルシウムを混ぜたものを使用する。交代期処理は1週間以上あけて、もう一度散布する。

収穫20日～1ヶ月前に海水（30倍）を散布する。海水を散布すると味がよくなると作本さんは指摘する。

〈葉茎菜類〉アブラナ科
キャベツ

最もポピュラーな野菜の一つだが、野菜のなかでもとくに虫害を受けやすい。高原などの冷涼なところが産地だが、栽培適温範囲は広く耐寒性も強い。露地でも、北から南まで広い地域で栽培できる。

品種も多く、春まき、夏まき、秋まきと栽培時期も多様である。高温には弱いので、夏では高地など涼しいところでないと、よい球はできない。

ここでは、宮崎憲治さん（千葉県）の、冬まき栽培を紹介する。

作型と品種

種まきは、12月中旬。植えつけは2月下旬から3月上旬で、収穫は暑くなる前の6月中におこなっている。

品種は、ＹＲ青春を使用している。

自然農業の栽培ポイント

●種が小さいので、種まきしてから種子処理液をまんべんなくまく。

●化学肥料のやりすぎに注意する。元肥については、通常の１／３程度で十分である。

●中耕でチッ素肥料（硫安）を追肥として30〜40kg／反当たりやっている。量については圃場《ほじょう》の状態で加減が必要。

●交代期処理もとくにしていないが、収穫できている。

●病害虫対策も、季節的にとくにしていない。ただし、ヨトウムシ対策としてＢＴ剤（微生物殺虫剤）を使用。

〈根菜類〉アブラナ科
ダイコン

古い時代に日本に伝えられ、全国的に栽培されるアブラナ科の野菜。作付け面積、収穫量ともに日本を代表する。品種改良も盛んにおこなわれ、多くの品種がある。地域と季節に合った品種を栽培することが大切である。

早くから年間を通じて出回り、消費されてきたが、暑さには弱く、寒さには強い。やせ地でも育つが、病気にかかりやすいので、対策をしっかり立てないといけない。ここでは、宮崎憲治さん（千葉県）の露地栽培を紹介する。

作型と品種

種まきは9月上旬から10月初旬まで、収穫は11月以降である。

品種は、耐病総太り（タキイ）を使用している。

収穫期のダイコン（千葉県横芝光町）

自然農業の栽培ポイント

- 病害虫対策として種まき前の畑には、センチュウを抑えるためにマリーゴールドを植えている。
- 種まきし、本葉2～3枚のときに間引きをする。
- 植えつけ前に、有機化成肥料888を60kg／反と石灰60kg／反を畑に入れている。
- 交代期処理はしていない。雨が多い場合は、玄米酢とリン酸、海水を葉面散布する。

セロリ

〈葉茎菜類〉セリ科

独特の香りと歯ごたえが特徴。サラダでも人気だが、ジュースの材料にしてもおいしい。繊維質に富むほか、カロテンも豊富である。古代から薬用にも用いられていた。

温暖な気候を好み、低温には弱い。高温にも弱く25℃以上になると病気になりやすい。乾燥にも弱いので、夏場は水やりにも十分注意する必要がある。有機質に富んだ土壌を好むので、肥料は多めに。

ここでは、内田美津江さん（千葉県）の栽培方法を紹介する。

作型と品種

春植えは、2月初旬に温床ハウスに種まき、2月下旬に仮植えする。4月末に植えつけをし、5月中は追肥を施し7月に収穫する。秋植えは、6月初旬に種まき、7月初旬に仮植え、8月初旬に鉢取り、9月初旬に植えつける。収穫は11月下旬。ただし、秋植えは大きな株にはならない。

品種は、春植え、秋植えともトップセラーセロリ。

自然農業の栽培ポイント

●カルシウム不足を起こすと芯腐病になりやすい。

●かならず、天然カルシウムと玄米酢の葉面散布を2～3回おこなう。

●多肥栽培でないと育たないが、堆肥を入れた土ならば大きくなる。

●水やりについては、育苗のときは乾かないように水をやる。仮植えのときは、晴天ならば毎日やる。植えつけたあとは雨水のみ。

●セリ科なので、ニンジンをつくった畑は避ける。

●堆肥２０００kg／10ａ、土着微生物５番３００kg／10ａ、乾燥豚糞２００kg／10ａ、マドラ・グアノ80kg／10ａ、カリ（有機）40kg／10ａ、天然苦土30kg／10ａ、カキ殻石灰40kg／10ａを施肥。

●植えつけたあと、１ヶ月以上して葉が大きくなり

交代期処理で、しっかりとした大きな株になる（熊本県・作本さんのセロリ栽培）

だしたら、ボカシ肥料80kg／10aを追肥する。

●交代期処理はやっていない。

●芯腐病には、天然カルシウム1000倍、玄米酢500倍、漢方栄養剤500倍を加えたものを200～250ℓ／10a、葉面散布する。

作本征子さんの肥培管理

●植えつけのとき、ミネラルA液（1000倍）とヨモギの天恵緑汁（500倍）、玄米酢（500倍）を植え穴に施す。

●植えつけ一ヶ月半後の交代期処理のとき、ミネラルD液（1000倍）、ワカメの天恵緑汁（500倍）、第一PCa（第一リン酸カルシウム、1000倍）を散布する。

●霜の害を受けたときは焼酎、ドブロク、ヨモギの天恵緑汁各500倍、ミネラルA液（1000倍）、少量の尿素を施し、間をおいて海水を散布する。

●交代期末期に海水（30倍）を散布する。

〈根菜類〉セリ科
ニンジン

セリ科で、カロテンやビタミンを豊富に含む緑黄色野菜の代表である。冷涼なところを好み、暑さには弱いが、耐寒性は強い。品種も豊富で、アジア型とヨーロッパ型がある。近年は三寸系、五寸系と分類されるが、三寸系は主に春まき、五寸系は夏まきに用いられる。

ここでは、土屋喜信さん（千葉県）の五寸系ニンジンのトンネル栽培を紹介する。

作型と品種

1月上旬に種まきとトンネルづくりをおこなう。間引きをするのは3月末である。収穫は、5月下旬から7月上旬までおこなう。

品種は向陽二号である。

生命力あふれるニンジンをジュースにして、長年飲んでいる購入者もいる

天恵緑汁の散布（千葉県・土屋さん）

ニンジンを収穫する土屋さん。映画「アンダンテ～稲の旋律～」の原作のモデルに

密植（1穴に2粒）にして管理

収穫されたばかりのニンジン

自然農業の栽培ポイント

●種まき前、畑が乾いていたら水をかけておく、または種まき後に、天恵緑汁（1000倍液）をたっぷりとかける。
●肥料は前半に効果があらわれるものを多めに入れる。後半まで残ると、割れの原因になる。
●本葉5枚くらいで、間引きをおこなう。交代期処理として天然カルシウムと天恵緑汁をまく。
●間引きしたあとに、再びトンネルをかけるが、トンネルの頂部や横に穴をあけて換気できるようにする。
●病害虫はこの時期では心配ない。

野菜ジュースの基本素材

がん、難病、生活習慣病を克服するための食事療法では一般に毎日、大量の生野菜ジュースを飲むが、基本になるのがニンジンジュース。自然農業で生産したニンジンは生命力いっぱい。リンゴやレモンを少し加えて飲みやすくしてもよい。つくりおきせず、つくったらすぐに飲むようにする。

〈葉茎類〉キク科
レタス

サラダにはなくてはならない存在。キク科の作物で、冷涼な気候を好む。

生育の前半は温度が低くても耐えるが、結球期には凍害にならないように注意。暑さには弱いので、種まきの時期に注意する。

種まきの2～3日前から、種を冷蔵庫に入れておくのがポイントである。

ここでは、内田美津江さん（千葉県）の栽培方法を紹介する。

作型と品種

春植えは、2月下旬から4月上旬までに、冷床ハウスに種まき、4月中旬に植えつけする。5月中旬から6月中旬に収穫する。秋植えは、8月中旬から9月中旬までに種まき、収穫は10月下旬からだ。

品種は、春植え、秋植えともオーガスター。

内田さんのレタスはしっかりしていて、嚙むと歯ごたえがよく、後味がよい

自然農業の栽培ポイント

●もともと乾燥地の野菜なので、水やりは少なめに。植えつけ後は必要ない。
●排水のよい畑に高い畝で植えつける。
●8～9月の育苗は、冷蔵庫に2～3日種子を入れておいたものを使う。
●練り床への種まきがよい。
●春はマルチングに、穴あきのポリビニールをかぶ

次年度用の床土づくりの準備

レタスの開花

しっかりと結球したレタス

せれば、やわらかい春レタスがよくできる。

●施肥は、植物性中心の堆肥1500kg／10a、土着微生物5番200kg／10a、マドラ・グアノ40kg／10a、カリ（草木灰）40kg／10a、天然苦土30kg／10a、乾燥豚糞または鶏糞100〜150kg／10a。

●交代期処理はやらない。

●病害虫対策は、春植えで5月下旬までに収穫するのであれば必要なし。

●11月中旬までは虫害がひどいので、ネットをかぶせるか、一般の化学農薬を散布する。

●台風や強風のあとは病気対策として、玄米酢500倍、天然カルシウム1000倍、漢方栄養剤500倍、天恵緑汁500倍を晴天時に2回続けて葉面散布する。

●小麦、トウモロコシ、大豆、落花生を入れた輪作で栽培する。

〈葉茎菜類〉アカザ科
ホウレンソウ

ビタミンや鉄分、カルシウムも豊富な野菜。在来種をはじめ、多くの品種があり、最近はサラダ用の品種もある。寒さに強く、氷点下でも生育する。高温には弱く、夏は育てにくい。5月から8月、11〜2月の間は種まきをしない。土質の適応性も広いが酸性土壌では育たない。

ここでは、内田美津江さん（千葉県）の栽培方法を紹介する。

作型と品種

春植えでは、3月下旬から4月中旬に種まき、収穫は4月下旬から5月下旬までおこなえる。秋植えでは9月以降に植え、11月下旬から12月上旬に収穫する。

品種はパレードとアトラスを使用。

甘いホウレンソウは根っこまで全部食べられる

自然農業の栽培ポイント

●水やりの必要はない。
●施肥は、堆肥１０００kg／10ａ、カキ殻石灰40kg／10ａ。
●8月下旬から9月上旬に種まきしたものは、虫の発生が多いので、寒冷紗をかぶせる。

〈葉茎菜類〉ユリ科
ネギ

周年で栽培されるネギは、高温・低温どちらでも大丈夫だが、日当たりと排水には気をつける必要がある。もともとは冬野菜である。

関東では、主に白根を食す根深ネギの深谷ネギがポピュラーだが、関西では葉身と葉鞘を食す葉ネギの九条ネギが一般的である。九条ネギは緑の葉身が長く、やわらかで風味良好。白根は比較的短い。

ここでは、作本征子さん（熊本県）の九条ネギの栽培を紹介する。

作型と品種

種まきは4月末におこない、植えつけは6月末から7月中におこなう。収穫は、11月末頃から3月上旬までと長い。

系統・品種は、九条ネギである。

自然農業の栽培ポイント

本畑

●畑の土は、第1章83頁の抑草法の項で述べたように、太陽熱消毒法で準備するがボカシ肥料はまかず、黒マルチだけ張って種まき前に剝ぐ。

●畑に種まき機で種をまく。ネギは事前の種子処理をすると種まき機にかけられなくなるので、種まき後、自然農業種子処理液をまく。その後、燻炭《くんたん》ともみ殻をのせて、有機物マルチをして抑草も兼ねる。

植えつけ

●リン酸カルシウムを加えた土着微生物5番を元肥とする。ネギはリン酸カルシウムが効かないとしっかりした株ができない。熊本の園田崇博さんは炭を入れた土着微生物5番を６００kg／反、施肥する。

●肥料を全面施肥し、トラクターで起こした後、畝立てする。マルチをしないで、植え穴に処理液を７００ℓ／反やる。

植えつける

マルチをして太陽熱消毒をする

土寄せは3回くらいおこなう

マルチをはいで、畝を立てる

●苗は根を１㎝くらいに切る。こうすることで、新しい根が出て活着がよくなる。また、植えつけ作業のとき、長い根がひっかからず植えやすい。

●１ｍ間隔で溝をつくって、30㎝間隔で植える。植えるとき、苗をまっすぐ立てること。斜めにすると曲がって伸びてしまう。土をかぶせて、種苗処理液をかける。処理液は５００ℓ／反ぐらいまく。

肥培管理

●土寄せのときに追肥する。追肥は土着微生物５番である。葉が分かれているところの下まで土をかぶせる。土寄せは３回くらいおこなう。

●株は分けつしていく。10月の終わりころ、リン酸カルシウムで交代期処理をする。交代期処理は２回くらいおこなう。

●後半の肥料は、チッ素分が少し多めの土着微生物５番で追肥する。３月まで収穫する畑は肥料を多めにやらないといけない。

●仕上げは収穫１ヶ月前ころ海水（30倍）を散布する。

〈葉茎菜類〉ユリ科
タマネギ

どんな料理にも珍重され、通年で使える野菜の万能選手。調理する場合はもちろん、新鮮なものは生食にも向く。水分に富む粘質土壌を好み、乾燥しやすい火山灰土は向かない。寒さには強いが、寒冷地では越冬がむずかしく、春まきで栽培する。

ここでは、作本征子さん（熊本県）の栽培を主に紹介するが、補足として園田崇博さん（熊本県）の取り組みを加える。

作型と品種

種まきは、9月10日以降。植えつけは、11月初旬～中旬である。収穫は、2月末～3月におこなっている。

品種は、浜育ちを使用している。これは、サラダタマネギともいわれる早生種である。

自然農業の栽培ポイント

本畑

●畑の土は、ハクサイの項と同様に太陽熱消毒法で準備するが、ボカシ肥料はまかず黒マルチだけ張る。種まき前に剃ぎ、種まき機で種をまく。

●タマネギは事前の種子処理をすると種まき機にかけられなくなる。種まき後、自然農業種子処理液をまく。その後、燻炭ともみ殻をのせて、有機物マルチをして抑草も兼ねる。

植えつけ

●リン酸カルシウムを加えた土着微生物5番を元肥とする。タマネギはリン酸カルシウムが効かないとしっかりした株ができない。園田さんは、炭を加えた土着微生物5番を600kg／反、施肥。

●全面施肥しトラクターで起こしたあと、畝立てする。マルチをして、植え穴に処理液を700ℓ／反やる。

●苗は、根を1cmくらいに切る。こうすることで、新しい根が出て活着がよくなる。また、植えつけ

作本さんのタマネギは、大きいのは1個で750ｇもある

苗は、根を1㎝くらいに切って植える。新しい根が出て活着がよくなる

作業のとき、長い根がひっかからず植えやすい。園田さんの場合、前日または当日、苗を種苗処理液にドブ浸けする。

●植えつけは割り箸で苗を取り分けて、そのまま植えると簡単だ。

肥培管理

●葉が７枚のとき、交代期処理をおこなう。

●収穫１ヶ月前ごろに、リン酸カルシウム、天恵緑汁、玄米酢、海水（30倍）を散布する。こうすると糖度が上がって味がよくなる。

園田崇博さんの肥培管理

●園田さんの場合は12月下旬ころにおこない、第一リン酸カリウム（１０００倍）を１週間くらいあけて２回散布する。また、園田さんは１月～２月ころ、玉太りのために天恵緑汁、玄米酢、カリウムの多い紅塩《べにしお》（南米などで産出される岩塩）と海水の混合液をやる。

〈根菜類〉ナス科
ジャガイモ

煮ても焼いてもおいしい根菜の代表格。生育期間は短いが、収量が多く楽しめる。涼しいところが適地で、20℃以下の気温でよく育つ。ただし、霜には弱いので注意が必要だ。

品種もたくさんあり用途も広い。代表的なものだけでも、春作用に、男爵、メークインなどがあり、秋作用にはデジマ、ウンゼンがある。ここでは、園田崇博さん（熊本県）の栽培を紹介する。

作型と品種

春作の植えつけは、12月下旬ころで、収穫は5月下旬から6月上旬ごろ。秋作は、植えつけが9月上旬で、収穫は1月上旬から2月末になる。

品種は、ホッカイコガネを使用している。種イモは、春作用は購入するが、秋作用は自家栽培のものを使用している。

園田さんは、稲の裏作としてジャガイモを栽培している。

種イモを種子処理液に2時間くらいドブ浸けして、乾かしておく

自然農業の栽培ポイント

畑の準備

●植えつけ1週間前に畑に土着微生物5番をまく。内容は土着微生物3番、土、米糠、もみ殻、油カス、魚カス、カニ殻、食品残滓のワカメとコンブを発酵させたものである。土着微生物5番の量は

植え穴に2個入れて覆土する

太陽熱消毒をしたマルチを剝ぐ

種まき機で植えつける（熊本県・作本さん）

６００kg／反ぐらいである。

●さらに、そうか病対策として米糠２００kg／反をふる。その後、耕して、畝を立てる。

植えつけ

●種イモは、切った種イモを種苗処理液に２時間くらいドブ浸けし、引き上げて２日間くらい乾かしておく。

●春イモの場合、２月中旬にマルチをして初期生育の保温と抑草を兼ねる。

交代期処理

●芽が出て、花が咲く前に交代期処理をおこなう。処理液はワカメの天恵緑汁、玄米酢、海水、リン酸カルシウムの混合液でおこない、１週間から10日あけて、２回めをおこなう。

仕上げ

●収穫の１ヶ月前にイチゴの果実の天恵緑汁、玄米酢、海水、リン酸カルシウムの混合液を散布する。１週間くらい開けて２回めをおこなう。

病気対策

●病気対策として市販の樟脳液を散布している。

〈根菜類〉ショウガ科
ショウガ

料理の薬味や調味料として欠かせないショウガは、世界中で用いられているが、中国では漢方薬の一つ。辛みの主成分であるジンゲロールは、血行促進の作用があり、風邪のひきはじめに発汗作用を高め熱を下げるのに重宝された。

種ショウガを植えつけて育てるが、種ショウガは薬味に、新芽は生食できる。しかし、刺激が強いので食べすぎには注意すること。ここでは、泉精一さん（愛媛県）の栽培を紹介する。

作型と品種

植えつけは4月上旬で、収穫は10月上旬から12月中旬まで。

品種は、大ショウガは在来系のものと、土佐大ショウガを使用。中ショウガは、雲南ショウガを使用。

自然農業の栽培ポイント

●土づくり省力栽培として、秋に畝立て（二条植え）し、ライ麦の種まきをする。種まき前に、熟成鶏糞と土着微生物4番を使用する。春、ライ麦を出穂前に倒し、4月上旬、その倒したライ麦のなかにショウガを植えつける。
●病害虫対策として、植えつける前に種子処理液に浸けてから植える。
●発芽と同時にほめ殺しを吊るす。
●本葉6枚になったころ、交代期処理液を散布する。
●生育後期は自家製天恵緑汁（ヨモギ、タケノコ、海草など）を散布。
●アミノ酸なども適宜散布する。
●化学合成農薬、化学肥料を使わない。
●ライ麦を活用して省力栽培する。
●種子の5～10倍の収量をめざす。
●連作障害の克服をめざしている。

〈果菜類〉バラ科
イチゴ

バラ科のイチゴはビタミンCに富み、生食用の消費は世界一で家庭でも人気が高い。

多年草で栽培期間は長く、苗から栽培しても一年近くかかる。寒さには強いが、開花中は霜に注意しないと枯死してしまう。花芽は低温・短日の秋に分化し、冬には休眠して生長停止、一定期間を過ぎると生長しはじめる。

ここでは、土屋喜信さん（千葉県）の施設の促成栽培を紹介する。

作型と品種

親株を3月末にプランターに植えつけてランナーを出させ増やす。苗を取るため、ランナー挿しはポットで7月末までおこない、育てる。植えつけは9月初旬で、収穫は12月中旬から5月末までできる。

品種は、とちおとめを使用。

イチゴの株間にネギやニンニクを植えて、病気対策にしている（千葉県・土屋さん）

自然農業の栽培ポイント

- ランナー独立後、苗を充実させ花芽分化を促すために交代期処理をおこなう。
- 花芽確認後、すみやかに植えつけし、年内中に不定根をより多く確保する。
- 一般的なイチゴの促成栽培との違いはないが、植えつけ苗には病害虫のない株を選び、基本処理として処理水（ミネラル液1000倍、玄米酢

畝は70 ～ 80cm。高くつくる

土屋さんは観光イチゴ狩りと宅配便ですべて販売している

希釈した天恵緑汁の散布

500倍、天恵緑汁1000倍の複合水）にドブ浸けする。
●植えつけのときは、土が乾かないように少量の水を、多くの回数をかけて与えるよう心がける。
施肥はボカシ肥料と鉄、マンガン、苦土石灰、カルシウムといった微量要素もきちんと入れる。基本的には、作付け1ヶ月前までには施肥する。
●活着後は、天恵緑汁・ミネラル水・漢方栄養剤などを散布、灌水し光合成を促し、葉を厚く生育させて、病害虫を寄せつけない草葉体にする。
●収穫は完着色ではなく、完熟で収穫する。
●温度管理は、5～28℃の範囲をめざし、日の出とともに温度上昇を心がけ、光合成を促す。
●収穫までの日数（温度累積）は、45日程度で完熟させることを心がける。

〈柑橘類〉ミカン科
ミカン

ミカン（温州ミカン）は日本原産だが、先祖は中国という複雑な経歴をもつ常緑果樹である。結果まででは4年であり、育てやすい。ミカン科のなかでは寒さに強いが、氷点下に長時間さらされると枯死してしまう。いろいろなミカンがあるが、近年はミカンといえば温州ミカンをさすほどになっている。関東から西の太平洋岸が適地。早生系と普通系があるが、関東では温度不足になるため、一般に早生系がおすすめ。

ここでは、泉精一さん（愛媛県）の栽培を紹介する。

作型と品種

早生系は10〜11月に収穫、普通系は11月下旬〜12月にかけて収穫。品種は、早生系は興津《おきつ》早生と宮川早生、普通系は久能《くのう》温州を利用。

自然農業の栽培ポイント

- 3月、切り上げ剪定。漢方栄養剤、天恵緑汁（ヨモギ、海草）、玄米酢、発酵海水を散布。
- 4月から5月にかけて施肥（熟成鶏糞、土着微生物4番）。
- 6月に交代期処理として、漢方栄養剤、天恵緑汁（ヨモギ、海草）、玄米酢、発酵海水を散布。
- 8月に肥大促進のため、漢方栄養剤、天恵緑汁（ヨモギ、海草）、玄米酢、発酵海水を散布。
- 収穫期は、漢方栄養剤、天恵緑汁（ヨモギ、海草）、玄米酢、発酵海水を散布。これらの処置は異常気象対策としてすることもある。
- 摘果は樹上部は7月までにおこない、仕上げは9月上旬におこなう。
- 化学合成農薬、化学肥料は使わない。
- 木のストレスとなるので農薬を散布しない。
- 身近なものの活用。手づくり資材で根と葉を強くする。

〈柑橘類〉ミカン科

レモン

料理などに幅広く使われる酸味の果実。ミカン科で、原産地はインドのヒマラヤ西部。結果樹齢は3～4年。夏冬の寒暖の差が小さい気候の土地が適している。

日本では、紀伊半島から西の太平洋岸暖地が適地だが、関東南部などでも栽培されている。

日当たりがよく北風を避けて植えつける。耐寒性は温州ミカンよりも弱い。内部の弱い枝に良い実がつく。手入れによっては周年栽培できる。

ここでは、泉精一さん（愛媛県）の栽培を紹介する。

作型と品種

収穫は10月から3月が多く、4月から6月にかけても少しずつとれる。

品種はアレンユーレカ、榎本リスボンなど。

レモンの開花

自然農業の栽培ポイント

●3月、雑枝剪定。漢方栄養剤、天恵緑汁（ヨモギ、海草）、玄米酢、発酵海水を散布。

●4月から5月にかけて施肥（熟成鶏糞、土着微生物4番）。

●6月に交代期処理として、漢方栄養剤、天恵緑汁（ヨモギ、海草）、玄米酢、発酵海水を散布。

●8月に肥大促進のため、漢方栄養剤、天恵緑汁

自然農業によるレモンの無農薬栽培

レモンは北風を避けて植えつける

貴重な国産レモン

泉さんのレモンは香りがよい。葉っぱを折ってもよい香りがする

（ヨモギ、海草）、玄米酢、発酵海水を散布。

●収穫期は、漢方栄養剤、天恵緑汁（ヨモギ、海草）、水溶性カルシウム、発酵海水を散布。

●異常気象対策として、6月から10月にレモン苗の大敵かいよう病、台風対策などのため、漢方栄養剤と天恵緑汁、天然ニガリを散布。

●10月に、自家飼育の鶏からつくった熟成鶏糞を施肥。

●草管理は、年数回、草刈り機で刈り払う。

〈柑橘類〉ミカン科
不知火

不知火（デコポン）は、オレンジと温州ミカンの交雑種清見にポンカンを交配したものである。果実は糖度が高く皮も剝きやすく食べやすい。正式名称は不知火なのだが、一般にはデコポンの名で知られている。温州ミカンと同程度か、より暖かいところが栽培適地となる。

「自然農業で栽培すると、ともかく味がよくなる」と新田九州男さん（熊本県）は言う。

最近の温暖化傾向の影響で、夏の高温被害として、柑橘類の浮き皮や腐敗果、また裂果などが問題になっているが、自然農業の栽培技術で取り組むことによって、そのような心配がまったくなくなったそうだ。

土着微生物や天恵緑汁などを使用して、土づくりをすることの大切さを新田さんは強調する。

「土づくりを万全にすればデコポンもむずかしくはない」と新田さん

作型

結果樹齢は3年である。植えつけは3月下旬から4月上旬におこなう。夏秋は、剪定をおこない、梢は半分くらいにする。

収穫は、施設栽培では、12月～1月上旬であり、露地では1月上旬～1月下旬である。

施設栽培は早く出せる。また酸が抜けるのが早い。露地栽培は、糖度も高く味がよい。肥培管理は同じである。

自然農業柑橘栽培管理暦

月	時期	生育ステージ	温州ミカン	中晩柑類	その他管理
1	上	花芽分裂期	春肥施肥		間伐 剪定 植えつけ準備 天恵緑汁づくり
	中				
	下				
2	上	花芽形成期			
	中				
	下				
3	上	発芽直前	焼成貝化石施肥[Ca] （ハーモニーシェル）　100kg /10a		移植 接ぎ木更新 植えつけ 天恵緑汁づくり
	中				
	下				
4	上	発芽開始	そうか病予防 デランフロアブル1000倍 天恵緑汁　500倍 玄米酢　500倍 アミノ酸　1000倍 海水　30倍	かいよう病予防 銅水和剤 3月下旬～5月まで 2～3回以上散布	
	中				
	下	展葉期			草刈り
5	上	開花			カイガラムシ発生の場合 石ケン液50倍散布
	中				
	下	一次落果	夏肥施肥（1回め）		
6	上		サビダニ駆除 イオウフロアブル400倍 夏肥施肥（2回め）		摘果開始 仕上げまで2～3回まわる
	中	二次落果			
	下				
7	上	果実肥大期	天恵緑汁　500倍 玄米酢　500倍　1～2回散布 天然カルシウム　1000倍		草刈り 仕上げ摘果
	中				
	下				
8	上	果実肥大最盛期	苦土[Mｇ]施肥 マグマックス　50～60kg /10a		
	中				
	下				
9	上		※発生した場合だけ、サビダニ駆除 イオウフロアブル400倍 秋肥施肥		草刈り
	中				
	下	成熟期（早生）			夏秋枝剪定 （中晩柑）
10	上		天恵緑汁　500倍 玄米酢　500倍 海水　30倍 1～2回散布 秋肥施肥		
	中				収穫開始 （温州ミカン）
	下				
11	上			天恵緑汁　500倍 玄米酢　500倍 海水　30倍 1～2回散布	堆肥施肥 2月頃まで
	中	成熟期（普通）			
	下				
12	上				
	中				
	下	成熟期（中晩柑）			収穫開始（中晩柑）

2009　肥薩自然農業グループ

自然農業の栽培ポイント

●ライ麦や自生する草を利用した草生栽培である。草生栽培は微生物層を豊かにし、ほかの草を抑え、地温を夏は高温から守り、冬は寒冷から守ってくれる。土づくりの基本である。

●肥料は土着微生物4番、5番を使用する。内容は魚カス（30％）、焼成骨粉（15％）、油カス（非遺伝子組み換え菜種、23％）、醤油カス（7％）、ヌカ（25％）で、これに水分調整で混合する水に天恵緑汁（３００倍）、糖蜜（２００倍）、海水（25倍）を入れる。

●水分は全体の重さの20～25％ぐらいを目安にし、湿度を50％ぐらいに調節する。発酵は45℃以上に上げないよう、あまり高く積まず、適宜切り返す。

●施肥量は、年間で７００～８００kg／反で、これに時期によってカルシウム剤として貝化石１００kgとマグネシウム剤として市販のミネラル肥料70kgを入れる。

●肥培管理は「春は軽く、夏はたっぷり、秋はおいしく」という考え方でおこなっている。比率にして春20％、夏50％、秋30％ぐらいである。

●春は地温がまだ低く、根は吸収しにくいので、土に十分なじませておき、根が動きだしたら吸収できるようにしておく。具体的には1月末に春肥、4月上旬にカルシウムをやる。

●夏は枝葉の生長、開花、結実、果実肥大と栄養をいちばん要求する時期なので十分に施す。2回に分けて、5月下旬と6月下旬におこなっている。

●秋肥は貯蔵養分を高め、来年の花芽分化にそなえる重要な栄養である。お礼肥兼願い肥として、遅れないように施すのがポイントである。時期は8月下旬にマグネシウムと10月下旬までに秋肥をやっている。

●農薬の必要のない木をつくるために、タケノコやワカメ、摘果ミカンなどの天恵緑汁、魚のアミノ酸や漢方栄養剤、海水などを使用している。

●葉面散布は、一日の気温が下がりはじめた時間、つまり夕方に散布するのがポイントだ。時期的には3月から6月、10月から12月にかけておこなっ

希釈した天恵緑汁を散布

苗を植えて、刈った草でマルチ

実の大きな河内晩柑は収穫期が遅い。暑い時期の柑橘として好評

土着微生物でボカシ肥料をつくる

ている。

●病害虫対策として、かいよう病に対しては、幼木のときは発生するが、結果期に入ると被害はないので農薬の散布はしない。葉ダニに対しては放置しておくのがいちばんの駆除方法である。

●サビダニに対しては、イオウフロアブルを１～２回散布する。カイガラムシ類には、廃油石けん液の30～50倍を発生したところにだけ局部的に散布している。

●不知火と同じ柑橘類の河《かわ》内《ち》晩《ばん》柑《かん》については、収穫は、４月上旬～６月末になる。肥培管理、葉面散布など、管理の仕方は不知火と同じ。肥料の量が河内晩柑は年間で８００～１０００kg／反である。

●河内晩柑は木が強いので無農薬で栽培できる。ただし、落果防止剤は使用しなければいけない。

〈果樹〉バラ科
サクランボ

バラ科のサクランボは、夏に雨が少なく涼しい土地を好むが、栽培は北海道から九州まで可能。見た目も美しい果実をつけるが、結実させるにはやや技術が必要である。また、雨に当たると裂果しやすく、鳥にもねらわれるため手間がかかる。

結果樹齢は3年。

ここでは、小関恭弘さん（山形県）の栽培を紹介する。

作型と品種

植えつけは3月であるが、結果までは剪定をこまめにおこなう。家庭用であれば、雨対策や鳥よけのためにも、2年目までは主幹の延長枝を15㎝程度で切る。

収穫は、6月20日～30日におこなっている。

品種は、佐藤錦。

サクランボは雨よけハウスで栽培される

韓国から見学にきた農家（右から2番めが小関さん）

自然農業の栽培ポイント

- ライ麦草生栽培、クリムソンクローバーなど、草刈りは半分ずつ間をおいておこなう。
- 開花期の露対策として種子処理液を使用。
- 収穫前に海水を散布して仕上げる。
- 自家製ボカシ肥料と海草ミネラルをバランスよく入れる。

〈果樹〉カキノキ科
カキ

作型と品種

韓国密陽市の李世榮《イセヨン》さんの場合の栽培を紹介する。密陽市は韓国南東部に位置し、甘ガキの生産が盛んな地域である。

自然農業に取り組んで15年以上になる。甘くて大きなカキが人気で、品質がしっかりしており、ソウルの大手デパートでも販売されるほどだ。

李世榮さんのカキ園はほとんどが急な傾斜地に位置している。

収穫時期は11月初旬～中旬である。

品種は富有。

自然農業栽培のポイント

土を生かすにはまず、無耕耘と草生栽培で四季を通して土を覆って太陽光線から防ぐことである。これは同時に微生物の棲息環境を提供し、落葉果樹の、冬期の作物が利用できない太陽光線を利用して有機物を生産する意味もある。

以下の三点に努めている。

●適期適肥＝必要な時期に必要な量を施肥すること。

●自然の流れに調和＝太陽光線が多いとき、曇ったり、雨が多いときなどに合わせる管理。

●必要な農業資材は、可能な限り自家製造して使用する。

肥培管理

●基肥は剪定後、３月末ころ、堆肥を畑の表面にまいてやる。堆肥は土着微生物の培養液で水分調整する。

●追肥は、チッ素を天気と樹勢が調和するように注意しながら、随時供給する。方法は果樹園に設置した灌水ホースでやる。雨が降る前は、そのまま畑にまく。生殖生長期になってからは、後期になるほど、量を少なくする。

●リン酸とカリは年3回施肥する。
5月中旬　開花10日前頃、リン酸とカリを各5kg／反施肥。
7月中旬　リン酸5kg／反、カリ4kg／反施肥。
9月中旬　リン酸4kg／反、カリ5kg／反施肥。

●微量要素の供給は葉面散布でおこない、カルシウムは栄養生長期中晩までに、灌注または、発酵肥料に混合して供給し、以降は葉面散布でおこなう。この場合のカルシウムは卵の殻を玄米酢で溶かした、水溶性カルシウムを使用する。

●マグネシウムは灌注か葉面散布で供給する。
これらの施肥は、画一的におこなうのではなく、作物の生育状態や気候をよく観察して、各栄養素の過不足がないよう管理することが大事である。

交代期処理

●甘ガキの交代期は7月末頃と判断している。しかし、交代期処理は、かならず交代期に合わせてリン酸やカルシウムをたくさん供給しなければならないのではなく、木の状態をよく観察しておこなうことが大切だ。

交代期処理に使用するリン酸カルシウムを製造する発酵機のタンク

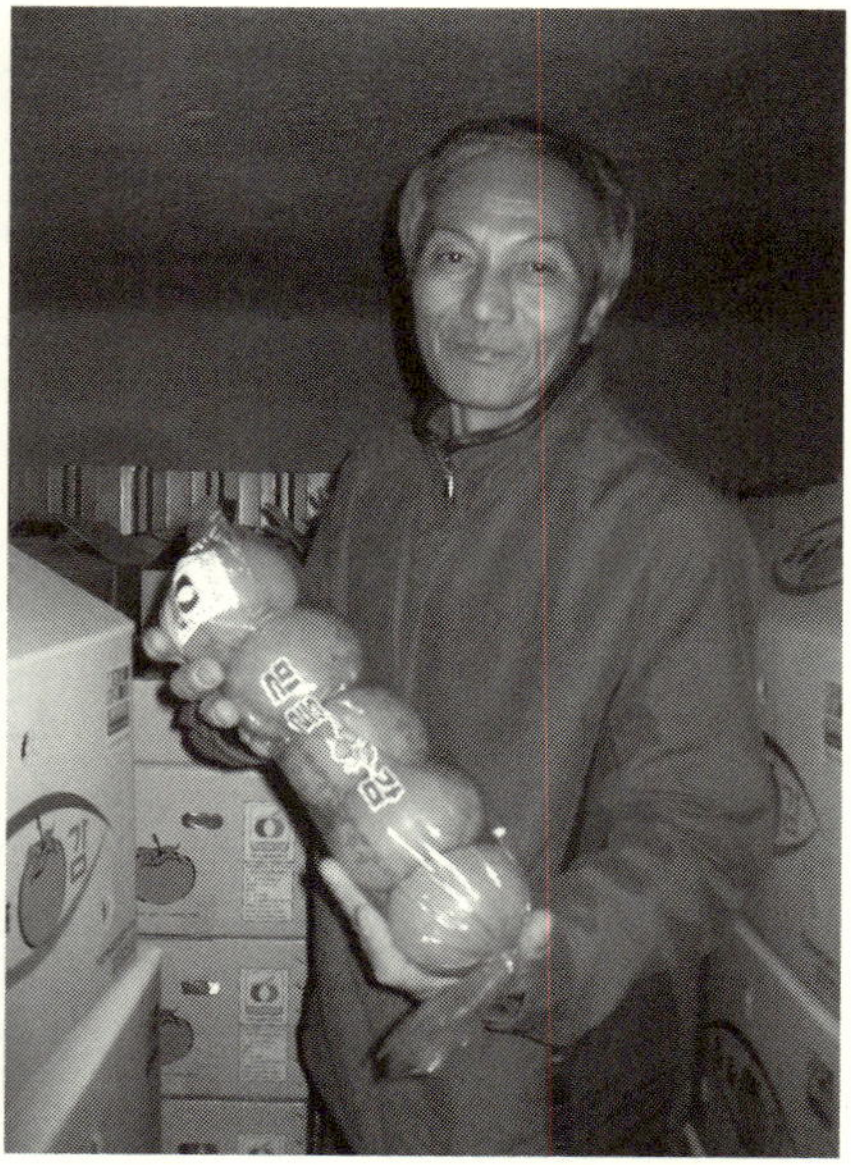
冷蔵ガキとして春先まで販売する。李世榮さん

李さんのカキの木はいきいきとして、葉が多い

●翌年の花芽分化が目的ならば、樹勢が安定した作物の交代期に、太陽光線が多いとき、リン酸とカルシウムを多量に供給すると、翌年、花が多すぎて困る場合もある。したがって、交代期の時期の天候や作物の生育状態に従って、交代期処理をおこなわなければならない。リン酸、カルシウムも生育期間中、全過程においてなければならない要素である。

●李世榮さんの農場には資材製造の小屋があり、そのなかに洗濯機ぐらいの大きさの混合発酵機がある。これにカルシウム１に対しリン酸３の割合で材料を入れ、１０００倍の水を入れる。温度を30℃に調節し攪拌。液は最初白く濁っているが、その白い色が透明になるとできあがりだ。

●次に２ｔタンクに入れ３０００倍に調節し、48時間エアレーションをかけながら発酵させる。できた処理液は動力噴射機で全園に散布する。発酵させているので、そのまま混合して希釈した液よりも作物への吸収が非常によく、効果的だそうだ。

●この処理液で李さんが使用しているリン酸は日本

製で、食品添加物として使用されているリン酸液である。

●一般的な処理方法は、リン酸は雨が降る前に施肥し、水溶性カルシウムは葉面散布でおこなう。水500ℓに3ℓ程度。またホウ素は2500倍に希釈して使用する。

病虫害対策

●虫対策として誘蛾灯を設置している。誘蛾灯は利用している農家も多いが、大事なのはその設置場所。第2章でも紹介したが、李さんはカキ園のある山のふもと付近に設置する。後ろに反射板をつけるので、山の上から蛾や昆虫が見ればはっきりと目立つ。

「高いところに設置すると、虫は飛んで行かず、低い果樹の木のほうへ行ってしまう。逆に低い場所には高いところから集まってくる」と言う。

その他のポイント

●普通の蛍光灯ではなく、捕虫用の誘蛾灯でなければならない。

●誘蛾灯と反射板部分と下に設置するたらいに隙間がないこと。隙間があると、せっかく集まった虫が隙間から逃げていく。

●芽が出る時期から9月下旬、10月中旬くらいまで使用。

●下のたらいには、水を3分の2くらい入れ、食用油の廃油を紙コップ1杯分くらい混ぜておく。蝶や蛾の羽に油がついて飛んでいけず死ぬ。

●風で倒れないように、下を掘ってしっかり設置する。できればコンクリートで固定したほうがよい。

「ともかく試してみたらわかります。ものすごく取れます。私は2町半くらいの農場で4〜5ヶ所しか設置していませんが、この方法なら十分です」とのこと。そのほか、カメムシはフェロモンを活用したもので減らしている。農薬は7月末まで使用する。

米
〈穀類〉イネ科

日本を代表する穀物である米。主食として重要な地位を占め、食生活、食文化の形成に大きな役割を果たしてきた。それだけに北海道から九州まで全国で栽培されてきた。

ここでは小関恭弘さん（山形県）の栽培方法を紹介する。

品種

コシヒカリ、ササニシキ

栽培暦

秋　刈り取り後、ボカシ肥料を１００kg／10ａ散布、すぐに浅く耕す（ボカシ肥料の代わりに鶏糞や米糠の場合もある）。苗代を代掻き（プール育苗床整地）。

３月　種もみ比重選　天然塩の塩水（比重１・15）で充実した種子を選抜。十分陰干し後、温湯処理（60℃で７分）。浸漬（水温７℃で15日）。

４月　種まき、山土、魚・米糠肥料（市販品。魚のエキスなどで米糠をペレット状に固めたもの）、グアノ、床土混和・箱入れ。種まきは３～４日連続でおこなう（床土の適した透水性を確保）。種まき・マット、60～90ｇまき。

５月　育苗（５日おきくらいで１／２００木酢液灌水、pH調整、有機肥料のため）。１・５葉でプール水張り、２・５葉でハウスのビニールをはずして徒長防止。

５月10日　代掻き・深水、高速回転（雑草種子を地表部に誘導）。その後ひたひた水で温度を上げ、雑草の芽出し促進。

５月下旬　コナギの発芽を確認後、２回めの代掻き（浅水、雑草練りこむ）。翌日田植え（ハローでならしながらの田植え）。ハローによる濁り水のうちに米糠オカラペレットを散布（土になじむ）。代掻き・田植え・散布は連続の作業。

水稲の栽培暦（例）

	3月	4月	5月	6月	7月	8月	9月	10月	11月	冬
作　型	上中下	上中下	上中下	上中下	上中下	上中下	上中下	上中下	上中下	
生育日数										
月　日		4/20	5/30							
葉　齢			4.5	7 10	11 14					
発育史 従属成長 （史的養分）		発芽	成苗 定植 一黄	二黄	穂首分化 出穂 三黄	開花期 胚生長期	胚成熟期	母体枯死期	来年の種子	
生長型	消費生長				補生長		蓄積生長			
栄養段階 （栄養分の必要）	胚乳養分	栄養生長期 N—多 P—少 K—少 Ca—少	N— P—少 K—多 Ca—	N—多 P—少 K—少 Ca—少	交代期 N—少 P—多 K—中 Ca—中	生殖生長期 N—少 P—中 K—中 Ca—多				
栄養型の転調	C/n H₂O 少	C/N	c/N 中多	c/n c/n	c/n c/n 中少	c/n	c/n c/n			
施　肥		元肥 ボカシ 肥料 100kg		追肥 N—多 魚アミノ	追肥 P･Mg	穂肥 天然Ca				
予防管理	種子処理 天恵緑汁 ミネラルA液 玄米酢 漢方栄養剤		定植 前日 魚アミノ 天恵緑汁	低温 長雨 P･Ca 玄米酢 ドブロク	ミネラルD 天恵緑汁	天然塩				
一般管理	2.20選別 グレーダー 温湯浸種 60℃ 7分	40℃ 8時間 13℃ 20日	2回 代掻き 田植え 米糠おから	深水 除草 （アイガモ） （機械）				刈り取り 採種		
基盤調整 土壌環境管理		ミネラルA							ボカシ 肥料	
水管理	湛水		深水	深水	浅水	浅水	落水			

①小関恭弘さん（山形県）による

６月上旬　浅水（発酵促進、雑草発芽抑制）から徐々に深水に、グアノ散布40kg／10a（根の傷《いた》み予防）。
６月中下旬　雑草の発生に応じ、１～２回除草機で仕上げる。グアノ追肥（リン酸・交代期処理）。
７月下旬　ケイ酸客土を葉面散布。
８月中旬　ニガリ、海水、貝化石を葉面散布（病害虫予防と食味向上のため）。

自然農業の栽培ポイント

●育苗については、育苗箱当たり80g以下の薄まき、４葉の苗にする。
●pH調整のため木酢１／２００を５～７日に一度散布。
●抑草のため、２回代掻きをおこなう。
●残った草の対策として、田植え時のハローで土が濁っているうちに米糠おからペレットをまく。量は、60～80kg／10a。

アイガモ農法の場合のポイント

●早めの水慣らし、迅速にネット張り、黒いテグスを使用。
●電気柵の利用（外敵に餌を与え、感電の学習をさせてからアイガモを放し飼いする）。
●引き上げは遠くの田から落水、寄せる丘に餌をまき、１週間くらいかけて慣らし、最後に追い込んで完了。

JAS有機の認証を受けている田んぼ

きれいに扇型に開いたイネ

〈自然農業資材〉基本資材の使用法

土壌基盤造成

土壌の羊水をきれいにするための作業。

草生栽培（炭素が多い）

ライ麦：冬期でもよく育ち、地上部と地下部のすべてが有機物で、根が深く伸びて酸素を誘導するのにとてもよい。

イネ：夏期の草生栽培用として適しており、播種量は３００坪当たり18～20kgが適当。２～３ヶ月で50～60cm育ち、大きくなったら倒して寝かす。

炭（微生物の棲みかを提供する）

３００坪当たり１５０kgが適当だが、最初からいっぺんに全部を入れてはいけない。まず土着微生物４番でボカシ肥料をつくって入れる。ボカシ肥料には炭20～30kg程混ぜて発酵させる。

また、果樹の剪定枝で炭をつくり、その果樹園に入れてやるのがいちばんよい。

チッ素中心のボカシ肥料

土着微生物４番

液肥として利用する場合には、水１００ℓに土着微生物４番を80g入れて液化する。

漢方栄養剤

１０００倍（元気をつける）

玄米酢

５００倍（強酸性だが、土中で中和される）

天恵緑汁

ヨモギ、セリ、タケノコ、その作物のわき芽等

麦芽（麦芽糖水）

５００倍（非常に重要。疫病、葉枯病に非常に効果がある）

ミネラル（真珠水）Ａ液

１０００倍

海水

30倍

種苗処理

黒星病、赤星病、炭そ病にも効果がある。

土着微生物４番

液肥として利用する場合には１００ℓに土着微生物４番を80ｇ入れて液化する。

漢方栄養剤

１０００倍

玄米酢

５００倍

天恵緑汁

ヨモギ、セリ、タケノコ、その作物のわき芽等。これにスギの実、アケビの実の天恵緑汁を少し加える。

ミネラル（真珠水）Ａ液

１０００倍

ニンジン酵素液

１０００倍

徒長している場合には水溶性リン酸カルシウム（１０００倍）を添加し、弱っている場合には魚のアミノ酸（１０００倍）を添加する。

赤土粉末（水20ℓに、との粉30ｇ）は樹皮の病気に使用すると効果がある。

再生を促進させるには麦芽（５００倍）を添加する。

栄養生長期

Ⅱ型処理、チッ素中心の栄養

漢方栄養剤

１０００倍

玄米酢

５００倍

天恵緑汁

ヨモギ、セリ、タケノコ、その作物のわき芽等

魚のアミノ酸

１０００倍

ミネラル（真珠水）Ｃ液

１０００倍

徒長を防止するためには水溶性リン酸カルシウム（１０００倍）を添加し、果実を大きくするために

散布は濃度を守って、適期、適量でおこなうことが大切

は童子液、天恵緑汁（500倍）と乳酸菌（1000倍）を添加する。

梅雨時（湿気が多い時期）には濃度を濃くし、干ばつ期（湿度が低い時期）には濃度を薄くする。

交代期

リン酸中心の栄養

漢方栄養剤

1000倍

玄米酢

500倍

天恵緑汁

童子液、アカシアの花、果実酵素など。500倍

水溶性リン酸

1000倍

水溶性リン酸カルシウム

1000倍

ミネラル（真珠水）D液

1000倍

作物が弱っている場合は魚のアミノ酸1000倍

を添加する。

生殖生長期

漢方栄養剤
Ⅲ型処理、カルシウム中心の栄養
１０００倍

玄米酢
５００倍

天恵緑汁
童子液、アカシアの花、果実酵素など。５００倍

水溶性リン酸カルシウム
１０００倍

海水
30倍
生育が悪い場合は魚のアミノ酸１０００倍を添加する。
暑さや寒さに強くしたい場合はミネラル（真珠水）Ａ液１０００倍を添加する。
細菌性の病気が心配される場合にはミネラル（真珠水）Ａ液を添加する。

熟期促進

漢方栄養剤
１０００倍

水溶性カルシウム
１０００倍

ミネラル（真珠水）Ｅ液
１０００倍

海水
30倍
１回め収穫30倍、２回め25倍、３回め20倍と倍率を段々濃くする。
収穫10日前には玄米酢の使用は糖度が落ちるので注意する。

第４章

■

地域風土に根ざした自然農業の実践

農業は大地をキャンバスとして描く芸術ともいえる

安全な国産レモン栽培の復活へ　愛媛県・泉精一さん

自由化で壊滅した国産レモン

日本自然農業協会の前会長で会員の泉精一さんは、瀬戸内海に浮かぶ愛媛県松山市の中島で無農薬のレモン栽培をしている。有機農業実践三十数年、自然農業実践十数年のベテランである。泉さんは、この島に生まれ、「喜寿」を迎えたいまも島を愛し、農こそ生命の大本と、日々、いい汗をかいている。

「私たちの中島はミカンの島です。一九六五年の終わりころ、中島青果農協が共同選果場をつくりました。それは当時、東洋一のマンモス選果場といわれていました」と、泉さんは当時をふりかえる。

島はミカン一色で、愛媛ミカンが全国一で約一〇%のシェアを持ち、その愛媛ミカンの一〇%を中島が担っていた。ミカンやレモンなど柑橘類は、温暖で雨量の少ない、かつての瀬戸内海の島々にあった塩田地帯が適地とされ、中島でも盛んだったのである。

ところが、この特産のレモンは壊滅してしまい、日本から姿を消してしまった。

それは、農産物自由化のトップを切って、一九六四年五月に、レモンの自由化が猛反対のなか決行されたからである。決行したのは、同じ瀬戸内に面する広島県出身の池田勇人率いる内閣によるものだった。

自由化とひきかえに、日本では所得倍増計画のもと、急激な経済発展がはじまる。安価な輸入レモンが洪水のようになだれこみ、国産レモンは姿を消してしまったのだ。

一九七五年四月、日本では使用禁止中の防カビ剤のOPPやTBZを塗布したレモンが大量に上陸してきた。ぶつけても踏みつけても腐らないレモンである。この防カビ剤が強力な発ガン物質として大問題になり、一時輸入が中止された。しかし、一九七七年四月、アメリカ政府の圧力に屈して厚生省（現在の厚生労働省）は使用を許可し、今日に至っている。レモンは日本人にとっても必需品であり、少量ではあるが、なくてはならないものである。自由化以来、約一〇万tの猛毒レモンが輸入され続けてきた。これによって、国産レモンは、すみに追いやられてしまった。

近年、ようやく国産レモンにも関心が集まってきた。それでも、年間生産量は五〇〇〇～六〇〇〇tで、国内消費量のわずか六％に過ぎない。輸入レモンは、近年値下がり傾向ではあるが、一個一二〇円の笑いが止まらない独占時代が続いていた。

何たる哀れな情けない農の現況ではないかと、泉さんは嘆く。

自然農業でレモン栽培

しかし、なぜレモン栽培が普及しなかったのだろうか。もう一度、考えてみたい。

レモンは柑橘類のなかでも自然災害に最も弱く、虫や病気にも弱いものだと農業生産者は思い込み、手を出そうとしなかったことも大きな原因ではないだろうか。

趙漢珪先生は、「虫や病気は人が呼ぶものであり、自然からの警告だ」と指摘する。病害虫を克服することで、慣行農業を変えていくことができるのではないだろうか。

「私は、これからの農業で最も大切なことは、輸入農産物に打ち勝つことだと思います。外皮まで利用できるレモンを、安全・安心を求める消費者に届けなくてはならないと思います」それが泉さんの思いである。

一九八〇年、中島青果農業協同組合がレモン産地化推進を決定、一九八二年には苗木と穂木を確保し、本格的生産体制に入った。この年、泉さんも推進員の一人として、伊予柑に高接ぎをして念願のレモン栽培にとりかかる。

泉さんは、日本有機農業研究会会員として自然栽培に取り組んでいたので、あえて農薬散布を止め、無農薬栽培で出発した。しかし、無農薬栽培は簡単なものではなかった。なんとか木にはなったものの、十分な収穫には程遠く、苦労の連続だった。

一九九一年には、超大型台風一九号に襲われ、柑橘園の八〇％が枯死するという大惨事がふりかかった。そのときレモンはすべて枯死した。

ご子息は希望を失い、出ていってしまった。「さて、農をあきらめるか、再起を期して再出発か」と追いつめられたが、試行錯誤の末、続投を決める。

このとき、趙漢珪先生のことを思い出したそうだ。

さっそく、愛媛の有機栽培の仲間と韓国を訪ねた。趙先生の自然農業の農園を見て回り、話を聞いた。自然農業に感動して、仲間と興奮して夜も寝られないほどだった。

災害に強いのは鶏でありレモンだと、その年の災害を通して悟り、趙先生の指導を乞いながら、自然農業をすすめていくことにした。

一九九三年、日本の有機農業研究会のメンバーにも呼びかけて、趙先生の指導を受ける会を結成し、第一回の基本講習会を受講した。その後もさまざまな教えを受け、何度も基本講習会にも参加し、そのたびに目からウロコの体験を続けているそうだ。

土壌基盤造成と発酵鶏糞の効果

「土壌基盤造成と手づくりの資材を中心に、レモンで最も困難とされるかいよう病もなん

泉さんは中島を自然農業の島にしようと活動している

天恵緑汁はレモンにもやるが、鶏の自家製配合飼料づくりにも使用する

ミャンマーからの研修生と泉さん

とか克服できそうです。しつこいダニ類、赤ダニ、サビダニ、ホコリダニなどの寄生もほとんど心配がなくなってきました」

と、泉さんは自然農業の成果を語る。

「私が慣行農業をやっていたころは、ミミズが皆無、島のどの園からもミミズは消えていました。堆肥づくりとミミズの幼虫の購入、そして自然農業の取り組みによって、今では私の園はミミズでいっぱいです」

とくに驚くことは、ここ数年はまったく農薬散布なしで、草刈りと整枝、それに鶏のつくってくれた熟成鶏糞のみで、りっぱなレモンができることだ。それは土が発酵をしているからだろう。つまり、鶏舎の発酵床が移転した状況になっていると思われる。鶏の飼料は、土着微生物入りの発酵飼料である。

販売の主体は、愛媛有機農産生活協同組合を通じておこなっている。レモン生産者も一五名に増え、すべてＪＡＳ（日本農林規格）有機認証園である。

レモンは、まだまだわからないところも多く、各自で工夫を凝らしながらの取り組みだが、消費者が大喜びするレモンづくりだと自負している。熟成鶏糞とレモンはとても相性のよい、すばらしい循環農業だと自信をもった。

「暑い夏の草刈りは大変ですが、木陰でわが家のショウガ入り紅茶に、もぎたてのレモンを入れていただくレモンティーに幸せを感じています」

デコポン園からテッポウムシがいなくなった！　熊本県・中川泰晴さん

怖いテッポウムシ

カミキリムシといえば子どもたちには人気の虫かもしれないが、ミカン農家にとっては嫌われ、怖がられている害虫だ。

ゴマダラカミキリムシ（天牛）は、卵をミカンの木の根元付近に産みつける。テッポウムシと呼ばれる幼虫は幹のなかを二年間くらい食べながら成長し、成虫になって一cmくらいの丸い穴をあけて出てくる。

こうなると幼木は枯れてしまう。樹勢が低下して葉が黄化し、落葉が多くなる。成木でも主幹部の樹皮下を一周するように食害されると枯死してしまう。幼木なら、たった一匹の寄生で枯れてしまうことも多い。

熊本県宇城《うき》市の中川泰晴さんも、その対策に頭を痛めていた一人だ。一般的には六月から八月ごろ幹に農薬を二～三回散布するが、自然農業に取り組む中川さんは、ボーベリア菌という天敵を利用した微生物資材を使用してきた。ある程度の効果はあるが、完全ではなかった。

基盤造成液で効果はっきり

中川さんは、日本自然農業協会主催の日韓柑橘技術交流会で、愛媛の泉精一さんに出会う。泉さんから、自然農業の基盤造成液を散布するだけで、木が元気になって病害虫の予防効果があるという話を聞いた。

これをテッポウムシの被害がひどいデコポン園で試してみた。散布したのはタケノコ・クレソン天恵緑汁、リン酸カルシウム、漢方栄養剤、玄米酢、海水の混合液で、量は約一tだ。比較のために散布した園と散布しない園をつくった。

すると、一二aの園のデコポン（正式名は不知火だが、一般にはデコポンで知られている）の木一二〇本のうち、テッポウムシが発生したのは二～三本しかなかった。基盤造成液を散布しなかった園では三本に一本くらいの割合で発生してしまっていた。

「これほどはっきりと効果が出るとは思いませんでした」

と驚く。

これなら今後は微生物資材も使わなくてすむので、一〇a当たり約一万円の生産費の節減になる。大助かりである。

木を健康にするのが基本

基盤造成液の散布は、農薬の代わりに散布するのではなく、土のなかの微生物を活性化し、ミカンの木を根から健康にするのが目的である。木そのものが健康になることで、虫がつかなかったわけだ。まさに「病害虫は来るものではなく、呼ぶもの」と考える自然農業の基本が証明されたような成果である。

来た虫を殺すことを考えるのではなく、虫が来ないような健康な木をつくることに専念する。そのために、土の環境づくりをまず基盤にすること。多様な土着微生物の微生物相

基盤造成処理は自然農業の基本。土をつくり、同時に木の免疫力を高めて、病虫害から守る

勉強会で柑橘園を見学に訪れた人たち。中央は趙漢珪氏。右はしが中川さん

をつくりながら、根の環境を整えて、木そのものを強くする。その結果として農薬が不要になるのだ。

ミカン農家が困っている害虫にもう一つ、ナガタマムシというのがある。これもテッポウムシが入ると木が弱って入りやすくなる。したがって、結果的にナガタマムシも予防したことになる。

農薬散布は、たとえ一時的に効果があっても、また時期になれば散布しなければならない。木にはストレスを与えるし、天敵も殺してしまう。さらに別の病気や虫を呼ぶ結果にもなり、農薬散布の悪循環から抜け出すことができない。

この悪循環から抜け出すには、自然農業の基盤造成液の散布からはじめることが、かえって近道であることを再確認させる成果だ。

また、基盤造成液だけでなく、種苗処理液、発酵海水などの散布は、異常気象対策としても有効である。果樹はもちろん、稲や野菜にも効果があるのでぜひ取り組んでほしい基本作業である。

雪国の条件を活かした冬みず田んぼ　報告＝山形県・志藤正一

雪国では冬に蓄えられたエネルギーが春や夏に一気に爆発する。微生物や小動物などの生き物たちも春の雪解けとともに活発に動き出し、春から初夏にかけて畑や田んぼに劇的な変化をもたらす。

秋のうちに堆肥やボカシ肥料を施され水口を閉ざされた田んぼは、雪解けがほかの田んぼより早く雪解け水をたっぷりとたたえている。この雪解け水のなかで微生物や小動物が動き出し、トロトロ層がどんどんつくられ、表面に施された稲わらを覆いつくし、雑草の種も稲わらの底に沈んだまま芽を出すことができない。

五月の下旬になるとトロトロ層が五cmから七cmにも達するので、耕起も代掻きもせず、そのまま田植えができるのだ。これが、「冬みず田んぼ」、すなわち冬期湛水不耕起栽培だ。

冬みず田んぼとの出会い

私が、冬期湛水不耕起栽培に取り組んだのは、一〇年ほど前に平田町（現・酒田市）の佐藤秀雄さんの冬期湛水の稲を見せていただいてからである。

佐藤秀雄さんは、二〇年近く稲の無農薬栽培を続けてこられた方だ。私たちが訪れたときは、佐藤さん自身も冬期湛水一年めであった。正直にいって、今までの佐藤さんの稲とはまったくタイプの違う稲なのでびっくりした。

田んぼを耕起していないために、表面に施された稲わらやボカシ肥料（米ぬかを中心とした発酵肥料）による稲の根に対する障害がほとんど出ていなかったのである。

有機肥料が多量に施され、耕起された田んぼでは稲わらや有機肥料が田んぼ全体で急激に発酵するので、必要な肥料分を土から奪ったり、また発酵による生成物が出たりする。稲の根はこれらの影響をまともに受けることになる。

私も半不耕起による栽培で何度も経験済みである。ところが、不耕起の稲は生育の初期に稲の根がある層と、有機物の施された層が上下に分けられているために障害を受けずにすみ、その後、秋までに稲の根の活力が十分維持されているように見えた。また、冬期湛水のもう一つのねらいである抑草効果については思った以上に効果があるように見えた。

その年の秋から早速、冬期湛水不耕起栽培に取り組んだ。とはいっても、収穫後に自家製のボカシ肥料と堆肥を施し、田んぼの水口を閉じて、ただじっと雨の降るのを待っていただけだが。何ごとも最初からはうまくいかないもので、いくら雨が降っても、田んぼに水は溜まっていかないのだ。

収穫前、コンバインでの作業に備えて、十分に乾かしていた田んぼの畦は、ケラ穴やネズミの穴で隙間だらけになり、とても水が溜まる状態ではないまま雪の季節を迎える。

春先の四月に入ると庄内平野も晴れの日が多くなり気温もしだいに上がってくる。わずかにできた田んぼ表面のトロトロ層は、乾燥で亀の甲羅状にひび割れてしまい、その隙間からヒエが早くも顔を出してくる。

ペンペン草（スズメノテッポウ）もしだいに勢力をつけて、田んぼはとても田植えどころではない状態となってしまう。やむなく不耕起をあきらめ、急いで耕起、代掻きをし、田植えをすることとなる。

二年間挑戦と断念を繰り返し、ようやく田植えにこぎつけたのが三年めのことである。微生物や小動物の活動を活発にする田んぼに合ったボカシ肥料をつくれるようになったことと、畦塗りや畦マルチを活用して十分に水を溜めることができ、さらに四月の乾燥期に四～五回の補水をすることで、十分な深さのトロトロ層ができたのである。

五～七㎝のトロトロ層ができれば、普通の田植え機で田植えもできるし、抑草効果も十

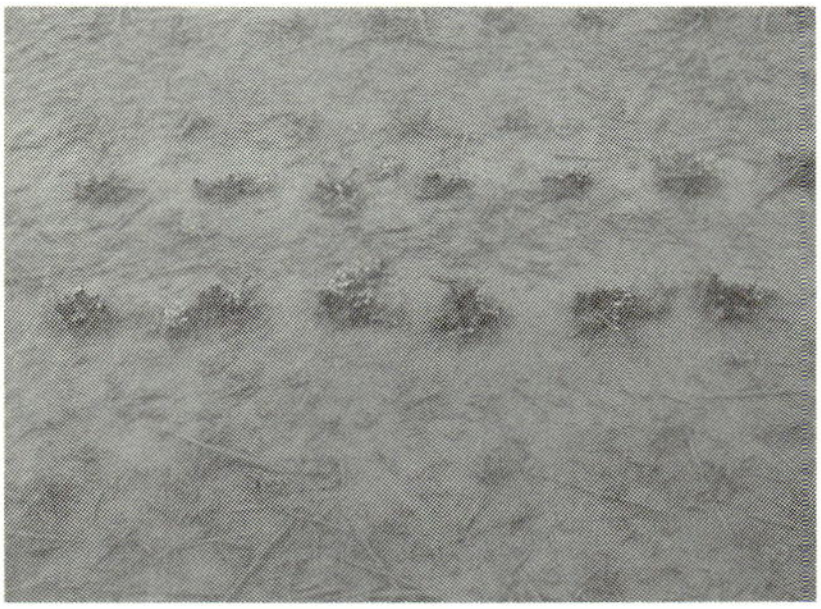
6月上旬、水温が上がってくると藻類が発生してくる。これも抑草に役だつ

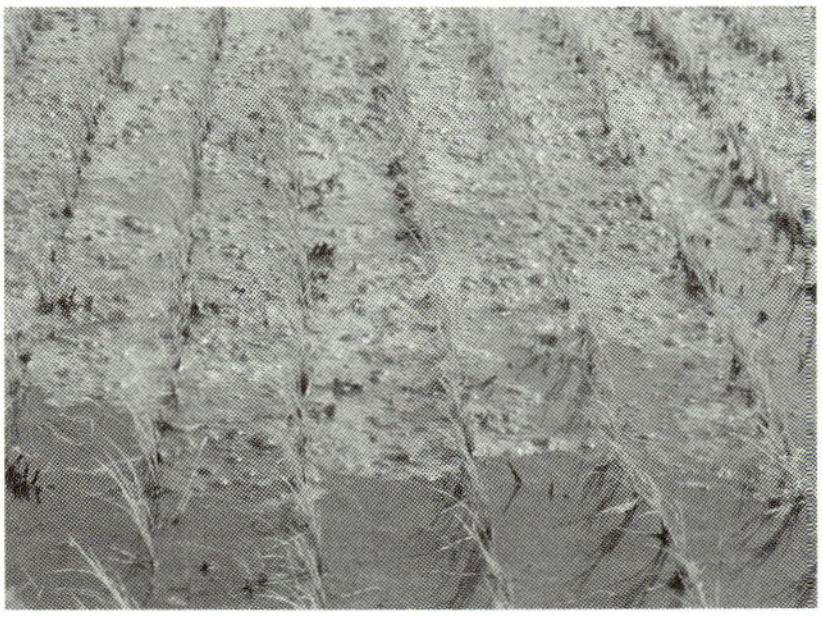
浮き草が発生

草が抑えられた不耕起の田んぼ

分にあるようだ。

三〇a一枚の挑戦だが、この年は除草にほとんど手をかけず、収穫前に残ったヒエを手で除草した程度である、収穫量も一〇a当たり四五〇kgで、有機の田んぼとしてはまあまあのところであった。

以降、冬期湛水不耕起栽培は今年で七年めを迎え、一二〇aにまで拡大した。

私の場合、害虫対策や多年生雑草対策を考えて耕起、代掻きをして、アイガモによる除草と冬期湛水不耕起栽培を一年おきに繰り返している。同じ田んぼを二年に一回耕起することになる。

その年の気温や雨、雪の状態などでトロトロ層のでき具合は違いがあり、抑草効果には差が出ているが、稲の生育はきわめて順調である。耕起をした田んぼより、初期から収穫まで活力があるようにさえ見える。


〈冬期湛水不耕起栽培の実際作業〉

8月　ボカシ肥料づくり　米ぬか、貝化石、菜種カス、ぼかし大王、もみ殻などが原料（最初の一ヶ月は好気性発酵、その後はポリの袋に入れて嫌気性発酵）
10月　畦塗り作業
11月末　ボカシ肥料、堆肥散布　水口を閉じる
3月　雪解け時に畦が見えたら畦ビニールを張って、雪解け水をそのまま溜める
4月　四～五回補水

5月　田植え　その後は湛水状態を続ける

生き物を育てる冬みず田んぼ

冬期湛水不耕起栽培への取り組みの状況は、以上だが、副次的効果として注目されているのが、田んぼに棲む生き物への影響だ。冬期湛水をした田んぼには多くの生き物たちが生息している。

三月、雪解けの水が少し温まってきた田んぼに最初に目につくのがカエルの卵だ。ニホンアカガエルの卵だそうだ。田んぼで動物が動き出すと、これをねらってサギなどの水鳥がやってくる。

四月の末になって、田んぼの水温・地温が本格的に温まってくると、土のなかに棲むイトミミズやユスリカやヤゴなどが爆発的に増えはじめる。生き物の調査からの推測ではイトミミズの数が一〇ａ当たり六〇〇万匹から一〇〇〇万匹に達する。

これら小動物や微生物たちの活動で、トロトロ層がどんどんつくられる。このころ、周辺の田んぼはまだ乾田状態だから、土中にわずかの生き物がいる程度である。土中、水中の生き物たちの活動は五月が最盛期で、六月の下旬になるとやや下火になる。

このころからは羽化した昆虫など、地上の生き物たちが主役になる。赤トンボが羽化するのもこのころだ。赤トンボは羽化したときから赤いわけではなく、私が田んぼで目にするトンボは透き通った体に薄い茶色が入っているだけだ。日本の赤トンボのほとんどが水田で生まれ、夏を山で過ごすうちに赤くなり、秋になって田んぼに帰ってくるのだそうだ。毎年、赤トンボを見るたびに季節を感じてきたにもかかわらず、農業を続けてきて四〇年、いまになってこんな赤トンボの生態を知った。

地域に合った農業の確立を

趙先生と出会い、自然農業を学びはじめて一四年になる。自他一体の原理にはじまる自然農業は、現在の私の農業に対する考え方の大部分を占めている。農業の技術もまた一体であり稲作、養豚、カキ、エダマメなどすべての作目において未熟ではあっても、その考え方を大切にしている。

しかしながら、農業の技術は多くを地域の気象や水利、経営規模などさまざまな条件によって左右される。先生の基本的な教えを大切にしながらも与えられた条件をたくみに活かす知恵をもたなければ、成果を得ることはむずかしいし、与えられた条件を活かしきることがむしろ自然農業の醍醐味といえる。

これからも地域に合った農業の確立をめざしていきたい。

水田、キュウリ栽培などへの自然農業の応用　山形県・小関恭弘さん

小関恭弘さんの経営は、水田が約五町歩である。ＪＡＳ（日本農林規格）有機の基準の水田が三町歩で、減農薬（除草剤二成分、殺菌剤一成分）で無化学肥料の水田が二町歩である。転作大豆が一町七反、キュウリが一反、サクランボが七ａである。キュウリはＪＡＳ有機認証園である。サクランボは有機ではできなくなり、取り下げたそうである。

アイガモと深水管理

水田は、アイガモと深水管理で一町八反の管理をしている。アイガモの効果を最大限出すこと、また生物多様性への配慮からも、最少数での利用をめざした。そのため、平均一〇ａ当たり五羽の利用である。

田んぼを五反くらいで囲い、一つの区画に二五羽程度で、ひとまとまりとした。これは、アイガモは二〇羽以上でないと群れとしての力を発揮しないからだ。クズ米などで誘導し、全体をまんべんなく動くように訓練する。

アイガモは、網を張るのや電柵を張るのが遅れると、一回除草機を入れなくてはならない。そのため、網を張るのはかなり省力化した。軽いネットで、畦マルチ張りで差し込んでいき、グラスファイバーの棒を刺して、上だけを止めるやり方である。必要ならポールにフックをつける。電線は一本だけでいい。

この方法なら二町歩囲うのに、二日あればできる。ほかの方法が、なかなか成果をあげきれていないので、当分はアイガモを使うしかないと思っている。

早期湛水二回代掻きトロトロ層

もう一つの方法は、二回代掻きである。間隔は二〇日あけた。もっとあければ効果が出るのだろうが、水利の関係で最初の代掻きは五月一〇日頃、深水で高速で回転させて、ひたひた水で二〇日間置いて雑草を発芽させる。

しかし、この辺の気候では、この時期になかなか発芽しない。そのため五月二九日ごろに二回めの代掻きをおこなった。これは浅水で、低速回転で練り込むようにし、次の日に田植えをした。田植えのときは、ハロー田植え機で土の表面を均しながらおこなった。

翌日に、米糠とおからでつくったペレットを、反当たり六〇kg入れた。このさい、米糠とおからのペレットが分解しやすいように浅水にした。今までは深水にしていたが、そうすると一週間もしないで米糠が沈み、さらに深水ではコナギがすぐ生えてしまう。

そこで昨年は浅水にした。するとコナギは、ほぼ例年の半分以下から三分の一程度になった。代掻きが、うまく平らにできていない少し盛り上がったところにヒエが生えた。

従来なら、六月五日、一五日、二五日と三回除草機が入るところ、昨年は一五日の初めの一回ですんだ。おからの成分が、かき混ぜられて吸収が促進されたのか、稲の生育がぐっと伸びた。おからは、稲の生育には土着微生物で発酵したものがよいが、抑草のためには未発酵がいい。

さらに、ペレットを三〇kg追加で入れたので、六月末にもう一回除草機を入れたら、またぐっと葉っぱが伸びて日陰ができ、これでほぼコナギの心配はなくなった。

除草機が入るのが三~四回だったのが二回ですんだということになる。しかし、田んぼに入らなくてよいとなるには、まだまだ道のりが遠い気がするそうだ。

二〇〇七年は猛暑だった。さらに、九月六日から一〇月四日まで雨が降らず、連日最高気温は三〇℃を超し、最低気温も一八℃以下にはならなかった。それが品質や食味に影響してしまった。

ホタテの貝殻を焼き、かなり細かい微粉末にしたもの（pH8）を直接かけてみた。これは、吸収がよいので多すぎないほうがいい。もしくは、液体のものでおこなう。今まで玄米酢とか木酢など、穂が出てからは海水の代わりに天然の塩、フィッシュカルシウムなどを散布していた。カメムシやイモチ対策でおこなってきた。

キュウリにネギを混植

キュウリは、販売先との契約の関係で、全部自根でやっているそうだ。品種は、やむをえず食味よりも耐病性ということでVロードを選んでいる。土づくりのために、前作終了後にライ麦をまいて春にすきこむ。ボカシ肥料は土着微生物を採取して自家製を使用する。

さらに苦土、ホタテ石灰を入れている。育苗も畑の土でおこなう。

ウィルス対策として、アレロパシー（他感作用）ネギを混植している。キュウリよりも二〇日早く播種して、鉢上げのときに一緒にする。キュウリの根にからむようにして育苗する。昔からウリ科にネギ、ナス科にニラの混植はよいとされてきたそうである。今年はマメ科のものも混植してみるそうだ。

マルチはわらを利用している。通気と微生物の環境をよくするのが目的である。趙先生が来られたときに全部わらでするように言われたそうだが、雑草対策が完全でないので半分だけ根っこのほうはわらを用いる。

キュウリは栄養週期（周期）でいうと、交代期から蓄積生長になる期間をⅡ型―Ⅲ型―

地域の勉強会では、みんなで田畑をまわって意見を交換する

稲わらでマルチされたキュウリの畑

小関さんのサクランボは香りがよく、甘くておいしい

Ⅱ型―Ⅲ型と、いかに長く続けるかということになるのだが、そこがむずかしい。趙先生に聞くと「感でやれ」と言われたそうだ。

肥料は根っこから吸収させるのが基本

サクランボはＪＡＳ有機認証ではぎりぎり適応するということで、石灰硫黄合剤とマシン油、ボルドー液を使ってきた。しかし、一昨年ショウジョウバエがひどくなり、昨年は有機の認証を取り下げて、殺虫剤を一回使った。今まで、ニームなどの忌避剤を使ってきたが、それでは虫が慣れてしまうのか、効きめがないようだ。

ほめ殺しの方法や、バナナを使ったトラップなどを、今後、採用していきたいとのことである。ショウジョウバエは、青魚に寄って来るという話があり、それも試してみたい。

ボカシ肥料はコンブ、貝化石、グアノ、天然苦土を入れたものを、七月一一日にまいた。九月中旬にライ麦を播種し、春先に倒す。ほかは、クリムソンクローバーなど、いろいろまいているそうだ。砂と石ばかりの畑も、かなりよくなった。

サクランボは、木の一生を通しての発育史と、一年の発育史があって、複雑に組み合わさっている。どちらが主導で、どちらが従属なのか、キュウリよりさらにむずかしくなる。施肥も表層にやるが、一〇cmの深さ、二〇cmの深さで、どれくらいで根に届くかを逆算し、何ヶ月前に何を入れるか決める。

たとえば九月の交代期に、リン酸を効かせるには、六月末の収穫期後にはまきたい。また収穫前期に苦土を効かせたいので、夏の初めにはやりたいのだが、雨などもあって、なかなか計算通りにはいかない。上から散布するのは急ぐときだけで、根っこから吸収させるのが基本である。

田んぼの生き物調査

お米の販売グループで、生き物の調査をしているが、ハグロトンボがたくさんいるそうだ。田んぼだけでなく家のなかにまで入ってくるほど大発生した。これは農薬をやらないので、生物の多様性が保たれている証拠ではないだろうか。小関さんたちが、長年、取り組んできたからだろう。

また、お米の食味コンクールに毎年出展しており、グループのメンバーが特別優秀賞や金賞など一三点も受けている。自然農業の取り組みで、食味のよさが客観的にも認められたことになる。そのせいか、販売のほうも順調だそうだ。自家製の資材づくりがなかなかできないなど課題はいろいろあるが、「がんばっていきたい」と力強く語っている。

家族で楽しい農業やってます！　熊本県・作本征子さん

自然農業との出会い

作本征子さんが、自然農業をはじめたのはご主人の一言からだった。

それは、「お前も一緒に行くか」と聞かれ、「はい」とこたえて行ったところが、一九九三年六月の第一回自然農業の基本講習会だった。神奈川県丹沢の山のなかで、鳥の鳴き声が聞こえる静かなところで、一週間の勉強会がおこなわれ、趙先生の話を聞いた。先生のエネルギッシュな話を聞き、たいへん感動したそうだ。講習会が終わり、山を下りると、まわりの景色が新鮮に見えるようになった。今まで気にすることのなかった野山の木や草が目にとまるようになった。

帰ってからは、天恵緑汁や土着菌をつくる材料を探すため、道端の草をよく見るようになった。ヨモギやセリを探し、天恵緑汁をつくったり、土着菌をつくるために竹やぶに行って採ってきた。

そして、今までとは違った楽しい農業ができるようになった。

「今までは主人に言われるままの農業をし、きついきついと不平不満を言っていた自分が、こんなに楽しくすすんで農作業ができるようになったのです。趙先生の話を聞く機会を与えてくれた主人に感謝しています」

作本家の農業経営

長男が大学を卒業した年、第二回の基本講習会が開かれ、長男も受講した。

作本家は、ご主人と長男夫婦、孫三人に祖父の八人家族で農業をしている。ご主人は流通、長男がレンコン・米、作本さんが野菜と天恵緑汁や土着菌をつくる作業をしている。各自が分担した仕事をし、干渉しないようにしている。その代わり、結果に対しては「こうしたらよかったんじゃないか」と評価はするそうだ。

「だから気楽です」

現在、野菜はハクサイ、タマネギ、ニンニク、ダイコン、セロリ、アスパラガスをつくっている。販売先は、生協などを中心に、有機農産物の流通会社や直売所などだ。大阪のフランス料理店にも野菜を出していて、コック長さんが「料理の技術である程度はできるが、やはり野菜の味はごまかしがきかない」と、買ってくれている。そのお店で働いていたコックさんが別のお店を出して、そこからも注文をいただくそうだ。そんな口コミで、個人の注文も増えている。野菜の味がよいおかげである。

太陽熱を利用した抑草対策

野菜をつくる畑は、冬野菜（ハクサイなど）が終わり、一回トラクターで耕し、畝を壊して平らにする。

熊本では最近、バケツをひっくり返したような雨が降るので、土が流出してしまう。そこで、長男が「お母さん、草を生やしたほうがいいよ」とアドバイスしてくれて、草を生やすようにしている。五月から七月ころまでの間である。すると草丈が伸びるので、畑にたくさん草が入れられる。

秋野菜を植える前に、草が実をつける前に、草をハンマーモアできれいに切りとってしまう。ハンマーモアは草を細かく切ってしまう機械だ。その草が枯れたら、アミノ酸や自然農業の基盤造成液をまき、トラクターで耕していく。

ダイコンを植える畑だけは、草が小さいときに一回ハンマーモアで切り、草を枯らす。

太陽熱消毒で抑草。ハンマーモアで草を細かく切る

しばらくおいて草を枯らす

草が枯れたら土着微生物のボカシ肥料をまいて、黒マルチで覆う

そして、ボカシ肥料を入れて耕し、ビニールマルチをして畝立てをする。そのさい、黒ビニールを張り、二〇日以上おいて日光消毒をする。それは、草対策と半不耕起になるので、作物が早く生育するからである。

植えつけの処理と、つわり処理

ハクサイの栽培は、ビニールマルチを剝がして植えつけをする。そのとき、穴のなかに処理液（ミネラルA液、天恵緑汁、玄米酢、第一Pca）を入れ、苗も処理液の中にドブ漬けして植える。処理液は、一反当たり三～四t入れるが、それが基盤整備も兼ねる。コート種子の場合、種をまいてから上にかける。

人間も子どもができたら、つわりがあるように、野菜にもつわりがある。ハクサイ、キャベツは、葉が立ち上がるとき、タマネギ、ニンニクは葉が六～七枚のとき、ホウレンソウは四枚のときにかけるといいそうだ。

つわり処理液は、第一Pca一〇〇〇倍、ミネラルD液一〇〇〇倍、天恵緑汁五〇〇倍、玄米酢五〇〇倍、乳酸菌五〇〇倍を日没二時間前にかける。

植えるさいは、ミネラルA液一〇〇〇倍、第一Pca一〇〇〇倍、天恵緑汁五〇〇倍、玄米酢五〇〇倍だ。

現在、野菜の食味をよくするために、海水を収穫一ヶ月前くらいにかけている。

アスパラ栽培

自然農業をやるようになって、野菜づくりが楽しくなってきたそうだ。しかし、アスパラガスについては、まだ勉強が足りない。畑にミミズは増えてきているが、病気に対して弱い点があり、試行錯誤している。

九州の場合、二月初めに芽が出はじめるが、一〇月の初旬まで収穫が続く。温暖化で休眠が短くなっているせいではないだろうか。作本さんはアスパラガスを栽培して一二年め。アスパラガスのような永年作物は、とくに温暖化の影響を受けていると感じるそうだ。

アスパラガスの株間は、最初は四〇㎝で植えつけていたが、現在では早く量が採れるようにと二〇㎝でやっている。畝幅は六m間口のハウスに四列である。ハウスは単棟の雨避けだ。

ハウスは、九州でも寒い期間は閉めているが、昨年は台風が来なかったのでビニールを剝がさなかった。サイドをあけているが、霜が一面真っ白に降りても霜焼けしない。やはり自然農業で小さいときから鍛えているので、強いようである。ハウスを閉めていると霜にやられてしまう。九州でも霜が四〜五回あるが、加温しないで自然に出たものは強い。

作本さんの農場は干拓地で低く、台風のときなどは二〜三時間で水が入ってきてしまい、アスパラが見えなくて収穫ができないくらい水をかぶってしまうこともあった。ダメになったと、あきらめたこともあった。しかし、その後、水が引くとアスパラがものすごくよくできて驚いたそうだ。おそらく自然のミネラルが入ったことがよかったのだろう。

レンコンの販売

レンコンは掘っているものが、そのまま種になる。三月の終わりから四月いっぱいで植えつけをするので、ボカシ肥料を入れて基盤造成をする。作本農園は、レンコンが主体で二町二反くらいである。米は四反くらいだ。家で食べるのと、ご主人が流通で販売する程度だそうだ。

レンコンは生で販売しているが、八〇g以下の小さいものはスライスして乾燥させて別に販売している。レンコンがない時期に、この干しレンコンが便利ということで、保存食として重宝されている。

干しレンコンを袋に入れるときに、どうしてもくずれてしまうが、そのさいに出たクズを粉にして「レンコン粉」として、お菓子屋さんや漢方薬屋さんなどに販売している。また、スライスするときに節が出るが、この節も乾燥させて同じく漢方薬屋さんに販売している。

節のところに栄養があるので、喜んで買うお客さんがいるそうだ。このように、レンコンは泥水が入ったものでなければ、すべて売っている。

「最近の若い人はレンコン料理をあまり知らないので、生協の消費者との交流会のときに、料理講習会を開いています。昔ながらの煮物だけでなく、サラダ、スープ、お菓子など若い人にも向いた料理法をいろいろ紹介しています」

この会は大好評で、「やっと抽選に当たりました」と言って参加した生協の組合員もいるそうだ。

また、一緒に出荷しているグループの人とペアで交代して、各地の交流会に出かけて、レンコンの植えつけから収穫までの苦労話から、料理の話までしている。ペアの名前を以前は一班、二班と呼んでいたそうだが、宝塚からもらって「雪組」、「月組」、「花組」、「宙《そら》組」にした。

レンコンの収穫のない金曜日に出かけるが、残されたお父さんたちは「いいなあ」と言って、お母さんたちは「たいへんよ」とか言いながら、それで家を離れてリフレッシュしているようだ。

作本さんはレンコンのB級品もスライスして乾燥レンコンとして販売

ご主人の作本弘美さんと征子さん

野菜は、少しずついろいろなものを栽培して出荷。各自役割分担して働いている

おかげでレンコンの注文が伸びて、レンコンが足りないくらいにまでなった。努力をすれば報われるということだ。楽しく農業をやっているおかげで、作本さんの仲間には、みな後継者がいる。

ボカシ肥料

ボカシ肥料づくりは、ご主人が担当である。生協に出荷している納豆屋さんから、クズ大豆や大豆の殻をもらってきて材料にしている。ボカシ肥料に使った残りを直接畑にやったところ、これがよく、土が黒っぽくなり、水はけもよくなった。以前のように、いろいろしなくても作物がよくできるようになった。

それでも最後の食味をよくする処理だけはしている。安全、安心はもう常識である。

「今からは食味もよくなければいけない」

と、力を入れている。

田んぼはトロトロ層で抑草

水田は耕さないで土づくりをしている。よその田んぼでは草が生えないが、作本さんの田んぼには草がいっぱい生える。それを五月の初旬に一回ハンマーモアで切り、枯らしてからトラクターで軽く耕す。それからボカシ肥料をやって水を入れる。そして代掻きは浅く、三㎝くらいで掻き、一〇日くらいそのままにしておく。

二回めの代掻きは、トラクターにワイドローという短いツメを後ろにつけておこなう。熊本はイグサが多かったので、イグサの殻を田に打ち込むために、短いつめのものがあるのだ。

この代掻きは、よその人が三〇分くらいでやる面積を一時間から一時間半くらいかけて、ゆっくりおこなう。こうしてトロトロ層をつくる。昔、子どものころ泥遊びをしたときに上のほうにできた、トロトロした泥のようになる。

2回の代掻きをした田んぼ

草が生えない田んぼ

植えつけをして一週間くらい、活着してから除草対策として米糠を水際から流している。それから、梅雨前線が通り過ぎるまで深水で管理し、ウンカが卵をつけないようにする。するると、稲は無腔分けつが少なくて、姿がYの字に広がり、日がよくさすようになる。

昔はアイガモを入れて除草したそうだが、熊本のある農家にトロトロ層のやり方を習ってからは、この方法で無農薬栽培をおこなっているそうだ。

草が全然生えないので、稲刈りまで田んぼには入らない。はじめたころは、トロトロ層をつくるのに失敗して、少し草が生えたときもあったそうだ。そのときは、その部分だけ田に入ってとったが、現在はコナギもヒエも生えないそうである。

「まだまだ勉強や経験を積み、いまの異常気象に対応しながら、楽しく農作業をがんばっていきたいと思っています」

と、作本さんは抱負を語る。

◆主な参考・引用文献一覧

『土着微生物を活かす』趙漢珪著　農文協
『天恵緑汁のつくり方と使い方』日本自然農業協会編　農文協
『趙漢珪氏講演録』生活協同組合連合会グリーンコープ連合　日本自然農業協会
『新栽培技術の理論体系』大井上康著　日本巨峰会
『酵素法の本意』柴田欣志著　眞日本社（＊絶版）
『酵素農法』柴田欣志著（＊絶版）
『酵素法入門』田中直吉著　眞日本社（＊絶版）
『根の活力と根圏微生物』小林達治著　農文協
『光合成細菌で環境保全』小林達治著　農文協
『山岸巳代蔵全集（一）』山岸巳代蔵全集刊行委員会
『人間と自然が一体のヤマギシズム農法』ヤマギシズム生活実顕地本庁文化科編　農文協
『除草剤を使わないイネつくり』民間稲作研究所編　農文協
『粗食のすすめ』幕内秀夫著　東洋経済新報社
『自給自立の食と農』佐藤喜作著　創森社
『食大乱の時代』大野和興　西沢江美子著　七つ森書館

『基本講習会テキスト　農心編』趙漢珪作成　日本自然農業協会
『基本講習会テキスト　微生物編』趙漢珪作成　日本自然農業協会
『専門講習会テキスト　果樹・一般作物編』趙漢珪作成　日本自然農業協会
『専門講習会テキスト　養鶏編』趙漢珪作成　日本自然農業協会
『専門講習会テキスト　養豚編』趙漢珪作成　日本自然農業協会
日本自然農業協会会報「プリ」1号～65号

玄　米　酢

〈国産　玄米酢〉 製造元・庄分酢

「無農薬玄米使用」「有機JAS認証に最適」

900mℓ×6本	6,100円
1.8ℓ×6本	11,200円
20ℓ	15,900円

送料　各1,000円

〈韓国産　農業用玄米酢〉

18ℓ　8,000円　送料1,200円

国産・無農薬玄米酢。種子処理、病害虫予防、生長促進、糖度アップ、品質向上などに使用。一般的には500倍に希釈し、天恵緑汁、真珠水、漢方栄養剤と併用

漢方栄養剤の材料セット

1セット　10,000円（下記の3品入り）

当帰	トウキ	2斤（約1.2kg）
甘草	カンゾウ	1斤（約600g）
桂皮	ケイヒ	1斤（約600g）

送料サービス

●種子処理、作物の体力回復に

漢方栄養剤（左から当帰、甘草、桂皮）

微　量　要　素

第一PK	1kg	1,300円
第一PCa	1kg	1,300円

送料　各700円　　2袋以上は実費

振り込み先

1.郵便局振替口座
00190-7-778159
加入者名　日本自然農業協会

2.郵便局総合口座（ぱるる）
記号　10130
番号　54016551

3.西日本シティ銀行
下山門支店
普通0577798

価格（税込）は2010年3月現在のもので、変わる場合があります。なお、日本自然農業協会に加入すると、資材によっては割引などの特典があります。

◆日本自然農業協会取り扱い主要資材ガイド

黒　砂　糖

25kg入り（粉タイプ）　**10,000円**

25kg入り（ダマ入り）　**9,000円**

送料 1袋	1,600円	2袋	3,000円
3袋	3,800円	4袋	4,500円
5袋	5,000円		

●天恵緑汁、土着微生物2番、魚のアミノ酸に

マスコバド糖（粉のタイプ）。天恵緑汁、果実酵素、アミノ酸づくりに最適。自然農業の資材づくりにいちばん使われている

自　然　塩　天然天日塩「浜菱」

農業用	20kg入り	**4,600円**
食　用	20kg入り	**6,600円**
750g×5袋		**2,650円**

中国江蘇省の広大な塩田で、太陽熱と風で濃度を高め6ヶ月かけて結晶に（ミネラルが豊富）、さらに6ヶ月かけて熟成させミネラルの質が安定している。1000倍に薄めて海水の代わりに散布。材料が抽出しにくい天恵緑汁づくりで黒砂糖の3分の1の量を自然塩で仕込む。畜舎の発酵床づくりにも最適。

天然天日塩の浜菱　(20kg)　(750g)

真　珠　水　川田ミネラル

1ℓ入り　**3,500円**

送料　1,000円　　1ℓ×8本以上無料

●A液…土壌の基盤造成、種苗処理液に
●B液…根菜に
●C液…生長促進に
●D液…花芽分化に
●E液…果実の熟期促進に

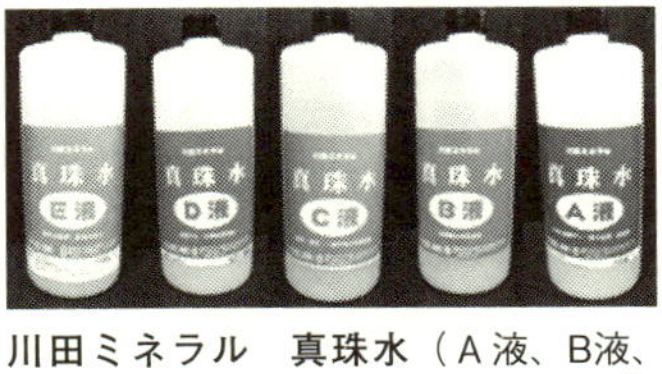

川田ミネラル　真珠水（A液、B液、C液、D液、E液）。使用時に1000倍に希釈（それぞれの使用法どおりに使う）

◆日本自然農業協会関係団体、企業

（2010年2月現在）敬称略

団体名 代表、または担当者	郵便番号　住所	電話番号
日本有機農業研究会 佐藤喜作	113-0033 東京都文京区本郷3-17-12 水島マンション501号	03-3818-3078
日本巨峰会 赤坂芳則	168-0072 東京都杉並区高井戸東 4-11-29	03-3333-2920
柴田コウソ工業㈱ 柴田常磐	252-1107 神奈川県綾瀬市深谷中8-1-7	0467-78-7192
㈲川田研究所 川田　薫	305-0842 茨城県つくば市柳橋 字梨ノ木122-3	0298-36-5025
環境保全型農業研究会 片野　學	869-1404 熊本県阿蘇郡南阿蘇村河陽 東海大学農学部作物学研究室	09676-7-0611
民間稲作研究所 稲葉光圀	329-0526 栃木県河内郡上三川町鞘堂72	0285-53-1133
子持自然恵農場 生方　彰、　瀬戸哲夫	378-0022 群馬県沼田市屋形原町2113	0278-22-1105
㈲中津ミート 松下憲司	243-0308 神奈川県愛甲郡愛川町角田230-1	0462-85-3187
㈱大地を守る会	261-8554 千葉市美浜区中瀬1-3 幕張テクノガーデンD棟21F	043-213-5620
らでぃっしゅぼーや㈱	105-0011 東京都港区芝公園3-1-13 アーバン芝公園4F	03-4334-3067

◆日本自然農業協会役員、および協力者

役員（2010年2月現在） **敬称略**

氏　名	住　所	電　話
志藤　正一	山形県鶴岡市藤島町鷺畑字佐渡端45	0235-64-2810
小関　恭弘	山形県米沢市塩井町宮井271-1	0238-37-4993
湯浅　直樹	群馬県高崎市上里見2132	0273-74-2792
瀬戸　哲夫	群馬県沼田市屋形原町2113 子持自然恵農場	090-8649-6849
宮崎　増次	新潟県五泉市郷屋川2-4-16	0250-43-3236
宮崎　憲治	千葉県銚子市三宅町2-622	0479-24-1078
松下　憲司	神奈川県愛甲郡愛川町角田230-1 ㈲中津ミート	0462-85-3187
森田　通夫	愛知県豊橋市雲谷町字外ノ谷279 大栄㈱	0532-41-5430
泉　　精一	愛媛県松山市宇和間甲930	089-997-1167
平岡新太郎	愛媛県上浮穴郡久万高原町直瀬甲3963-6	0892-31-0085
作本　征子	熊本県宇城市松橋町東松崎233	0964-32-1190
澤村　輝彦	熊本県宇城市不知火町高良183	0964-33-7340
新田九州男	熊本県水俣市初野447-2	0966-63-2919
姫野　祐子	福岡県筑後市前津1824-5	0942-80-4623

指導者

趙　漢　珪	韓国忠清北道槐山郡清安面雲谷里290-2 趙漢珪地球村自然農業研究院

協力者

中川　泰晴	熊本県宇城市不知火町永尾582
李　世　榮	韓国慶尚北道密陽市丹場面武陵里790
土 屋 喜 信	千葉県山武郡横芝光町宝米1135
内田美津江	千葉県八街市八街イ-246

自然農業の真価と可能性〜あとがきに代えて〜

私が自然農業の仕事をするようになったのは、二〇年以上前の趙漢珪先生との出会いからである。それ以前は消費者として、無農薬の玄米や有機野菜を食べるなど多少有機農業に関心をもってはいたが、農業そのものにはまったく関係がなかった。ところがチョー・ヨンピルという韓国の歌手の歌に惚れ込み、韓国語を勉強するようになったのがきっかけで韓国を訪ねることになった。

現在は韓流ブームもあって韓国との距離はずいぶん短くなったが、当時は「近くて遠い国」といわれていた時代である。日本が戦前、植民地にしていたことなどの歴史的背景や、当時の軍事独裁政権下にあった韓国の社会的状況なども重なって、日本と韓国はお互いに枠にしばられた見方しかできない関係にあった。私自身も狭いイメージしかもてずにいた。

ところが、実際に韓国へ行ってみて驚いてしまった。韓国の人たちは明るくて、バイタリティーにあふれていた。暗くて悲しい民族という、私の勝手なイメージがいっぺんに壊れてしまった。過去のことよりも、未来に向かって韓国という国を建設していくために、あらゆる情報を欲しがっていた。私はせっかく勉強した韓国語を、日韓の交流のためになんとか活かせないかと思っていた。

そんなとき、ある村を訪ねて紹介されたのが、そこで農業指導をされていた趙漢珪先生である。趙先生は農民に自然農業の技術指導をしながら、できた農産物を加工する技術や、新しい流通・販売形態について情報を欲していた。「私は日本から多くのことを学び、自分なりに体系化してきた。最近の日本の情報も欲しい。これから日本の農民との交流をおこないたいので、姫野さん、手伝ってもらえませんか」と言われ、喜んで引き受けた。これがはじまりである。

最初は趙先生が韓国の農民を連れて日本へよく来た。私は事前に、見学先の生協や有機農産物の物流センター、農家の組織などを調べ、見学の交渉をおこなった。来日したら一緒に同行して案内した。

そんな交流をおこなっているうちに、受け入れ先となった生協や物流会社から「今度は自分たちが韓国へ行ってみよう」ということになり、韓国を訪問することになった。その訪韓団には取り引き先の農家も含まれていた。そして韓国の自然農業の現場を見て驚く。においのまったくしない豚舎。びっくりするほどみごとに稔ったナシ園。農家の倉庫には天恵緑汁、漢方栄養剤など自家製資材のカメが並んでいる。

さっそく日本に帰って、天恵緑汁をつくってみたがうまくいかない。そこで私のところに電話をかけてきたのが、第4章で紹介した熊本の作本征子さんの

ご主人弘美さんである。それから、自然農業を通して韓国と交流をする団体をつくることになり、行きがかり上、私が事務局を引き受けることになった。

しかし、私自身がみずから自然農業を日本に広めるための仕事をしたいと思うようになったのは、このときではない。このころは、まだ「お手伝いができたら」と思っていただけである。私が本格的に自然農業の世界にふれたのは、趙漢珪先生による基本講習会を受講してからである。

日本での記念すべき第一回の基本講習会は一九九三年六月に神奈川県の丹沢の山小屋のような施設でおこなわれた。講習会場は畳敷きの広間で、そこに全国から五三名の参加者が集まった。

ちょうど「現代農業」という農業雑誌に趙漢珪先生の「感の農法」という連載がはじまっており、その独特な農法に関心が高まっていたのである。もちろん、韓国を訪問した作本さんは奥さんと夫婦で参加し、同じく第4章に紹介した愛媛の泉精一さんも第一回のこの基本講習会を受講した。

講習は五泊六日で、朝七時から夜は一二時を過ぎる日もめずらしくなかった。録音するとちゃんと聞かないということで禁止されており、机も置かないので正座して話を聞くだけである。しかし、そこで趙先生が語る話は、ときおりユーモアも交えての話で、農業にはしろうとの私にもとてもおもしろく聞ける内容で、引き込まれてしまった。農業の深く、すばらしい世界を初めて知っ

た感じがした。最後のスライド上映による自然農業の現場や農産物の紹介では、土のなかの微生物の存在の大きさに改めて気づかされた。

この講習会の前に、私はこの同じスライドを趙先生の講演会やセミナーで何回も見ていた。しかし、微生物について学んだあとに見ると、スライドのなかの鶏舎の床やキュウリのハウスの土、果樹園の土が、本当に生きているように実感することができた。

この講習会への参加がきっかけで、自然農業を広める仕事を、みずからも積極的にしたいと思うようになったのである。勉強のための米づくりも六年やった。家庭菜園で楽しみながら野菜をつくっている。しかし、いちばん勉強になったのは、会員農家のみなさんの田んぼや畑で学んだことである。事務局の仕事としては、会報の発行や勉強会、韓国の現場を見学するツアーの企画、黒砂糖や玄米酢など農業資材の販売などをおこなっている。

また、この仕事への思いは、食べ物の大切さを知らないことに対する危機感もある。人間は食べて生きている。食べないと生きていけない。体は食べたものでできている。だから食べ物は大切にしなければいけない。このあたりまえのことが忘れられ、ないがしろにされているように思う。

食べ物は自国で生産されたものを食べるというあたりまえのことができてい

生産現場で（中央が編者）

ない日本で、日本の農業を守っていくためには、農家が自信をもって農産物を生産し、農業に誇りをもつことが前提である。同じく食べる人たちも、貴重な食べ物を生産してくれる農家を尊び、応援していくことも大切だ。

幸い、最近は若い人たち、今まで農業とは関係なかった都会の人たちが、家庭菜園や貸し農園などで野菜づくりをやる人が増えている。もっと農業に関心をもったり、積極的に取り組んだりしてほしいと思う。

これから農業をはじめる方、農薬や化学肥料に頼らない農業をめざす農家の方たちに、この本が少しでもお役に立てれば幸いである。

最後にこの本の発行にあたって協力してくださった日本自然農業協会役員、および会員農家のみなさん、辛抱強く原稿ができるのを待ってくださった創森社の相場博也さん、執筆協力者、イラストレーターなどの編集関係者、お世話してくださった方々に深く感謝したい。大勢の方たちのお手伝い、協力なしにはできませんでした。記して謝意を表します。

編者近影

編者　姫野　祐子

◆日本自然農業協会の紹介

日本自然農業協会は、韓国の趙漢珪先生の提唱する自然農業を研究し、実践普及することを目的として活動している会である。1993年に「韓国自然農業中央会と交流する会」として結成され、事務局を神奈川県藤沢市においた。

その後、名称や運営方法が変わり、現在は名称が「日本自然農業協会」となった。事務局を福岡県においており、正会員と準会員で構成、会員は農家および農業関係者、生協等の流通関係者、消費者などで構成。会費で運営される任意団体である。

協会の主な活動を紹介すると、まず教育活動として自然農業基本講習会（5泊6日）を開催している。講師は趙先生であり、自然農業の基本的な考え方や技術について合宿形式で講習する。また、さらに専門性を高めた自然農業専門講習会（3泊4日）も趙先生を講師として、稲、一般作物、果樹、養鶏・養豚の専門学習をおこなっている。

普及活動としては、各地域での勉強会、講習会、趙先生を招いた講演会などを実施。また、会報「プリ」を年4回発行し、会員間の情報交流をしているほか、FAXとEメールによる「プリ通信」を月に2～3回発信している。

そのほか、自然農業や食を通じた国際交流を韓国をはじめ、中国やタイなどでおこない、とくに柑橘や柿、稲作など専門分野での交流、学生のワークショップが好評。最近ではJICA（日本の国際協力機構）を通じて、ブラジルで自然養豚の指導もおこなっている。

韓国では、自然農業は環境保全型農業のなかでも代表的なものであり、趙先生がおこなう自然農業基本講習会は、韓国政府の委託を受けて実施している。韓国では行政や農協が積極的に取り組んでおり、その成果も大きい。

自然農業は地域の自然を活かしておこなう農業である。どんな国や地域でも実践できる。アジアでは中国、モンゴル、タイ、フィリピン、マレーシア、カンボジアなど、アフリカではタンザニア、ケニアなど、最近ではハワイやアメリカでも取り組まれており、国際的に実績が認められている。

◆**日本自然農業協会**
(Japan Natural Farming Asociation)
ホームページ：http://shizennougyou.com/
E-mail：shizen_nogyo_center@yahoo.co.jp
＊日本自然農業協会・天恵農場のロゴマーク（左）。
天恵農場は自然農業のブランド名

日本自然農業協会事務局
〒833-0002　福岡県筑後市前津1824-5
TEL 0942-80-4623　FAX 0942-80-4573

自然農業で取り組むニンジン畑

●

デザイン——寺田有恒　ビレッジ・ハウス
カバーイラスト——楢 喜八
本文イラスト——角 愼作
撮影——三宅 岳　山本達雄　姫野祐子
写真協力——大木和代　福田 俊　熊谷 正　ほか
執筆・取材協力——大成浩市　土屋喜信　宮崎憲治　園田崇博　山下 守
李世榮　泉 精一　新田九州男　作本征子　中川泰晴
金尚権　澤村輝彦　内田美津江　小関恭弘　志藤正一
広若 剛　ほか
校正——吉田 仁

監修者プロフィール

●趙 漢 珪（チョウ ハン ギュ）

1935年、韓国京畿道水原生まれ。1965年、農業研修のため来日。3年間、土着農業を研究。帰国後、自然農業の考え方と技術を体系化。1994年、社団法人韓国自然農業協会を設立。1995年、自然農業生活学校、および研究農場を開設（忠清北道槐山）。韓国農協中央会などに環境農業指導機関として、自然農業の講習をおこなう。2004年、毎日新聞・朝鮮日報共催「日韓環境賞」受賞。2008年、韓国自然農業協会を趙漢珪地球村自然農業研究院（CGNFI）に改称。著書に『土着微生物を活かす』（農文協）ほか。

編者プロフィール

●姫野祐子（ひめの ゆうこ）

1953年、福岡県北九州市生まれ。1988年、当時「韓国自然農業中央会」（現・趙漢珪地球村自然農業研究院）会長だった趙漢珪氏との出会いを契機に日韓の農民交流をサポートする。1993年、「韓国自然農業中央会と交流する会」を設立。その後、改組・改称したが現在の「日本自然農業協会」に至るまで引き続き、事務局を担当する。以来、自然農業基本講習会、専門講習会、地域勉強会、趙漢珪氏講演会などの企画、会報誌「プリ」の発行、韓国ツアーの企画、通訳案内、書籍発行などを通して、日本に趙漢珪氏が提唱する自然農業を紹介、普及に努めている。編纂した書に『天恵緑汁のつくり方と使い方』（農文協）ほか。

はじめよう！ 自然農業《しぜんのうぎょう》

2010年4月20日　第1刷発行

編 著 者——姫野祐子《ひめのゆうこ》

発 行 者——相場博也

発 行 所——株式会社 創森社
〒162-0805 東京都新宿区矢来町96-4
TEL 03-5228-2270　FAX 03-5228-2410
http://www.soshinsha-pub.com
振替00160-7-770406

組　　版——有限会社 天龍社

印刷製本——中央精版印刷株式会社

落丁・乱丁本はおとりかえします。定価は表紙カバーに表示してあります。

Printed in Japan ISBN978-4-88340-247-2 C0061